浙江省普通高校“十三五”新形态教材
高等院校新工科建设规划教材系列
高等院校数字化融媒体特色教材

无机化学实验

Wuji Huaxue Shiyan

主编 张 杰 梁华定

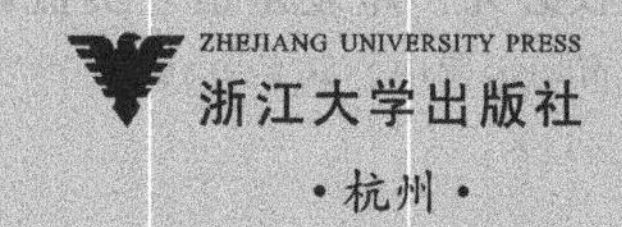

·杭州·

图书在版编目(CIP)数据

无机化学实验 / 张杰,梁华定主编. 一杭州:浙江大学出版社,2023.5(2024.7 重印)
ISBN 978-7-308-23777-2

Ⅰ.①无… Ⅱ.①张… ②梁… Ⅲ.①无机化学一化学实验一高等学校一教材 Ⅳ.①061-33

中国国家版本馆 CIP 数据核字(2023)第 084751 号

无机化学实验
张 杰 梁华定 主编

丛书策划	阮海潮
责任编辑	季 峥
封面设计	周 灵
出版发行	浙江大学出版社 (杭州市天目山路 148 号 邮政编码 310007) (网址:http://www.zjupress.com)
排 版	浙江时代出版服务有限公司
印 刷	浙江新华数码印务有限公司
开 本	787mm×1092mm 1/16
印 张	10.75
字 数	260 千
版 印 次	2023 年 5 月第 1 版 2024 年 7 月第 3 次印刷
书 号	ISBN 978-7-308-23777-2
定 价	39.00 元

《无机化学实验》

编委会名单

主　编：张　杰　梁华定

副主编：陈素清　赵松林　林勇强

编　委（按姓氏笔画排序）：

厉凯彬　任世斌　闫振忠　孙志茵　苏建荣

李　芳　杨美定　余彬彬　宋振军　张思奇

陈　帝　陈宇祥　陈克铭　陈晓英　郑典慧

侯　娜　贾文平　唐文渊　唐守万　黄　凌

梁丹霞　韩得满

序

近年来，各高等院校为提高实验教学质量，以创建国家、省、市级实验教学中心为契机，以创新实验教学体系为突破口，努力探索构建实验教学与理论课程紧密衔接、理论运用与实践能力相互促进的实验教学体系，并取得了一定的成效。为适应高等教育的发展，台州学院于 2004 年将原归属于医药化工学院的化学、制药、化工、材料类各基础实验室和专业实验室进行多学科合并重组，建立了校级制药化工实验教学中心。中心于 2007 年获得了浙江省级实验教学示范中心建设立项，又于 2014 年获得了“十二五”浙江省级重点建设实验教学示范中心立项。在新一轮的建设中，台州学院医药化工学院以新工科建设为导向，打破了“以学科知识设置相应实验课程”的传统构架，在“专业基础实验→专业技能实验→综合应用实验→创新研究实验”四个实验层次（第一条主线）的基础上，穿插了“项目开发实验→生产设计实验→质量监控实验→工程训练实验→EHS（环境-健康-安全）管理实验”的实验教学体系（第二条主线），建立了“双螺旋”实验教学新体系。

在第一条主线的实验教学体系中，专业基础实验模块旨在使学生通过基础实验来理解和掌握必备的基础理论知识、基本操作技能；专业技能实验模块旨在使学生通过实验来理解和掌握必备的专业理论知识、实验技能，然后在此基础上提升基本专业技能；综合应用实验模块旨在使学生在教师的指导和帮助下自主运用多学科知识来设计实验方案，完成实验内容，科学表征实验结果，进一步提高综合应用能力；创新研究实验模块旨在提高学生的综合应用能力和科学研究能力，着重培养学生的创新创业的意识和能力。

第二条主线的实验教学体系增设面向企业新产品、新技术、新工艺开发以及高效生产、有效管理等的实验项目。项目开发实验、生产设计实验和工程训练实验旨在培养学生运用已获得的实验技术和手段去解决工程实际问题，强化专业技能与工程实践的结合，突出创新创业能力和工程实践能力的培养。质量监控实验和 EHS 管理实验旨在通过专业技能与岗位职业技能的深度融合，培养学生的职业综合能力。

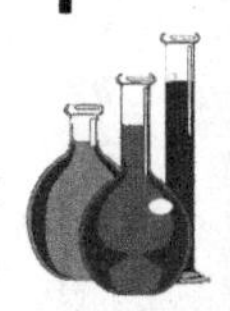

经过几年的教学实践，上述构建的实验教学体系已取得了初步成效。为此，在浙江大学出版社的支持下，我们组织编写了这套适合高等院校化学、化学工程与工艺、制药工程、环境工程、生物工程、材料科学与工程、高分子材料与工程、精细化学品生产技术和科学教育等专业学生使用的系列实验教材。

本系列实验教材以国家教学指导委员会提出的《普通高等学校本科化学专业规范》中的"化学专业实验教学基本内容"为依据，按照应用型本科院校对人才素质和能力的培养要求，以培养应用型、创新型人才为目标，结合各专业特点，参阅相关教材，根据大多数高等院校的实验条件编写。编写时注重实验教材的独立性、系统性、逻辑性，力求将实验基本理论、基础知识和基本技能进行系统整合，以利于构建全面、系统、完整、精练的实验课程教学体系和内容。在具体实验项目选择上，除单元操作技术和部分综合实验外，更加注重实验在化工、制药、能源、材料、信息、环境及生命科学等领域的应用，以及与生产生活实际的结合；同时注重实验习题的编写，以体现习题的多样性、新颖性，充分发挥其在巩固知识和拓展思维方面的多种功能。部分教材在传统纸质教材的基础上，以二维码形式插入了丰富的操作视频、案例视频等数字资源，推出纸质和数字资源深度融合的"新形态"教材，增强了教材的表现力和吸引力，增加了指导性和便捷性。

台州学院医药化工学院

前　言

本教材是在高等院校制药化工材料类专业实验系列教材《基础实验Ⅰ(无机化学实验)》基础上修订而成的,为高等院校新工科建设规划系列教材之一。本教材共分2篇7章。第1篇主要介绍实验室基本常识、实验结果的数据表达与处理等化学实验基本知识;第2篇选编了基本操作、基本原理及常数测定、无机物性质及定性分析、无机化合物制备、应用性及设计性实验等5个方面的45个实验项目。在本教材中,我们以二维码的形式插入了39个实验讲座、操作视频和电子书。修订后的教材将是以纸质教材为核心、以数字资源为辅助的新形态教材。本教材也是浙江省普通高校“十三五”新形态教材建设项目之一。

参加本教材编写工作的有梁华定(第1章,实验13、23、42、45)、陈素清(第2章,实验19～22)、林勇强(实验1～12、14)、任世斌(实验15～18)、赵松林(实验24～34)、闫振忠(实验35～41、43～44)等;张杰、陈素清录制和剪辑了实验讲座、操作视频,并编辑了电子书;李芳参加了大纲的制定和部分书稿的审定;郑典慧、陈晓英、侯娜、梁丹霞等参加了部分书稿的审定及部分实验的预试;全书由张杰、梁华定统稿和定稿,并担任主编。

由于编者水平有限,书中难免会有不当之处,敬请读者指正。本教材的编写过程中参考了国内外一些教材,并引用了其中一些图和数据,在这里表示感谢。

编者

2022年10月

目 录

第1篇　化学实验基本要求

第1章　实验室基本常识

按照党的二十大的要求，无机化学实验教学坚持问题导向，坚持系统观念，反映无机化学实验教学和科研的最新进展，反映经济社会和科技发展对人才培养提出的新要求。

1.1　化学实验的目的及学习方法

1.1.1　化学实验的目的

化学是一门以实验为基础的学科，许多化学理论和规律是对大量实验结果进行分析、概括、综合和总结而形成的。实验又为理论的完善和发展提供了依据。

化学实验是化学教学中一门独立课程，其目的不仅是传授化学知识，更重要的是培养学生的能力和优良的素质。化学实验包括基础型实验、提高型实验(综合性、设计性)、研究创新型实验三个层次。无机化学实验属于化学实验的第一层次，其目的是为学生学习后续课程、参与实际工作和进行科学研究打下良好的基础。通过无机化学实验训练，期望达成以下目标。

①通过实验获得感性知识，巩固和加深对无机化学基本理论、基础知识的理解。

②通过查阅手册、工具书及其他信息源提高获得信息的能力。

③通过实验学会常见仪器的正确使用。

④通过对实验结果的如实记录、正确处理、合理表达，培养学生求真务实的科学态度。

⑤通过独立进行实验、组织与设计实验，培养独立解决实际问题和独立从事科学实践的能力，增强探索精神。

1.1.2　化学实验的学习方法

为了达到上述目标，学生需要树立正确的学习态度，同时还要有正确的学习方法。学好无机化学实验必须做好以下五个环节。

1. 认真预习

实验前的预习，是保证做好实验的一个重要环节。预习应包括以下几方面。

①熟悉实验内容。阅读实验教材和教科书中的有关内容。了解实验目的，弄懂实验的方法和原理，明确实验步骤，熟悉仪器操作规程及操作过程中应注意的地方。

②合理安排实验。例如，哪个实验反应时间长，需要合理安排时间；哪些器皿需要洗涤、干燥准备的，应先做；哪些实验的先后顺序可以调动，从而避免等候使用公用仪器而浪费时间等。

③写出预习报告。在实验报告本上撰写简明扼要的预习报告,内容包括实验的标题、实验目的、实验原理、实验仪器和试剂、实验步骤,并留出合适的位置记录实验现象,或精心设计一个记录实验数据和实验现象的表格等,切忌原封不动地照抄教材。

注意:设计性实验必须在实验老师的指导下拟定实验方案。

2. 认真参加讨论

实验课前,教师以讲解或提问的形式进一步明确实验原理、操作要点及注意事项,对部分基本操作进行示范及讲评。学生应集中注意力,积极参与讨论。

3. 认真做实验

做实验时应做到正确操作,细心观察,认真记录,周密思考。所有的原始数据都应该及时、如实、清楚、详细地记录在报告本中,不要记录在草稿本、小纸片或其他地方,不允许随意删改。如果记错了,可将错的数据轻轻划一道杠,将正确的数据记在旁边,切不可乱涂乱改或用橡皮擦拭。

如果发现实验现象与理论不符,应认真检查其原因,并细心地重做实验。实验中遇到疑难问题而自己难以解释时,可请教师解答。

4. 认真撰写实验报告

撰写实验报告是实验的延续和提高,因此,实验报告应该体现完整性、规范性、正确性、有效性。做完实验后,应该按照要求独立设计并完成实验报告,按时交指导教师审阅。

5. 积极开展研究型实验

化学实验教学有两种模式:一种是在一定的时间内完成所规定的实验内容;另一种是在一定范围内可以由学生自由选择时间和内容。后者往往以设计性实验的形式进行。学生必须在老师的指导下,自行查阅资料,选择实验内容,制订实验方案,向实验室提交所需要的仪器、设备和化学试剂清单,并向指导老师报告实验的意义、目的以及创新点。设计性实验除了在规定的实验时间内进行外,还可以在开放实验室进行。设计性实验必须要有结果,并且完成设计性实验报告。

1.2 实验室规则

①实验课前要认真预习。未预习者,不得进行实验。上课时,老师要认真检查学生的预习情况并签字。

②进入实验室要遵守课堂纪律。实验室内保持安静,不准喧哗,讨论问题时声音要小;不随意更换座位;不随意搬动或调换他人的仪器、器材;不擅自离开实验岗位;不进行与实验无关的活动;不迟到、不早退、不无故缺席,如有特殊情况,必须向实验指导老师请假,并确定补做实验时间。

③实验前要认真听讲。课前教师讲解时,要认真听讲,仔细观察老师演示,进一步明确实验目的、操作要点及注意事项,了解仪器装置的构造与原理、化学药品的性能等。

④实验时要规范操作。要严格按照实验操作规程进行操作,仔细观察实验现象,详细记录有关数据,积极思考、分析实验结果。

⑤实验过程中要遵守实验室规则。实验过程中，注意保持实验室桌面、仪器、水槽、地面的清洁；要节约用水、用电及药品，不得浪费；所用的仪器、试剂、工具等应摆放整齐，用后放回原处；废液、废纸、火柴梗以及玻璃碎片等物不得随便抛扔或倒入水槽，应倒入指定的废液缸及垃圾箱里；一切仪器、药品和材料未经实验教师同意不得带出实验室；如有仪器损坏，应主动填写报损单，注明原因，由实验教师按规定处理；精密贵重仪器每次使用后应登记姓名并记录仪器的情况。

⑥实验完毕后要及时清理。实验结束后要认真清理、整理好实验台面，检查水、电等开关是否关好，离开实验室前，需经指导教师同意。实验室由同学轮流值日，值日生负责打扫和整理实验室，检查实验室的安全，关好门、窗、水、电，值日生在得到指导教师许可后方可离开实验室。

⑦实验课后要按时独立完成实验报告。

1.3 实验室的安全常识

在化学实验室中，安全是非常重要的。实验室中常常潜藏着发生爆炸、着火、中毒、灼伤、割伤、触电等事故的危险。如何防止这些事故的发生以及万一发生又如何来急救，这些都是每一个化学实验工作者必须具备的素质。

1.3.1 实验室安全守则

实验室安全是实验人员必须掌握的基本常识，学生在进行实验时必须注意安全。

①熟悉实验室环境。了解实验室有关安全设施（如水、电、气的总开关，如灭火器、沙桶等消防用品）的位置及其使用方法，不得随意搬动安全用具。

②注意用电安全。电器在使用前应检查是否漏电，常用仪器外壳应接地。使用电器时，人体与电器导电部分不能直接接触，也不能用湿手、湿物接触电源。水、电、气等使用完毕立即关闭。

③绝对不允许随意混合各种化学药品，以免发生事故。一切有毒药品必须妥善保管，按照实验规则取用。有毒废液不可倒入下水道，应集中存放，并及时加以处理。

④能产生有刺激性和有毒气体的实验必须在通风橱内进行；不要俯向瓶口去嗅所放出的气体；检查气味时面部应远离容器，用手把离开容器的气流慢慢扇向自己的鼻孔做检查。

⑤倾倒试剂和加热溶液时，不可俯视，以防溶液溅出伤人；溶液只能用洗耳球等抽吸，不得直接用嘴吮吸；加热试管时，不要将试管口指向自己或者别人。加热器及被加热后的坩埚、蒸发皿等不能直接放在木质台面或地板上。

⑥使用浓酸、浓碱、溴等强腐蚀性试剂时，要注意勿使其溅在皮肤或衣服上，更不要溅到眼睛内；配制溶液时，应将浓酸注入水中，切勿反之。

⑦汞盐、砷化物、氰化物等剧毒物品，使用时应特别小心。

⑧使用有机溶剂（如乙醇、乙醚、苯、丙酮等）时，一定要远离火焰和热源。用后应该将瓶塞盖紧，放在阴凉处保存。

⑨对于实验室中经常使用的一些易燃易爆试剂，应该了解这些物质的特性，做到安全使用。

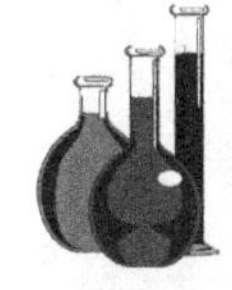

⑩使用金属汞或者使用水银温度计时，不得将汞洒落，一旦洒落必须尽可能收集起来，并用硫磺粉覆盖在洒落的地方，使之变成不挥发的硫化汞。

⑪绝对禁止在实验室内饮食、吸烟或把食具带进实验室。实验完毕离开实验室前，必须洗净双手。

1.3.2 使用化学药品的安全防护

1. 常用危险化学品的分类及标志

国家质量技术监督局于 1992 年发布了国家标准《常用危险化学品的分类及标志》(GB13690—1992)，按主要危险特性把危险化学品分为以下八类。

第 1 类，爆炸品。爆炸品指在外界作用下(如受热、受压、撞击等)，能发生剧烈的化学反应，瞬时产生大量的气体和热量，使周围压力急剧上升，发生爆炸，对周围环境造成破坏的物品，也包括无整体爆炸危险但具有燃烧、抛射及较小爆炸危险的物品。

第 2 类，压缩气体和液化气体。压缩气体和液化气体指压缩、液化或加压溶解的气体，并应符合下述两种情况之一者。①临界温度低于 50℃，或在 50℃时，蒸气压大于 294kPa 的压缩或液化气体。②在 21.1℃时，绝对压强大于 275kPa 的压缩气体；或在 54.4℃时，绝对压强大于 715kPa 的压缩气体；或在 37.8℃时，雷德蒸气压大于 275kPa 的液化气体或加压溶解的气体。

第 3 类，易燃液体。易燃液体指易燃的液体、液体混合物或含有固体物质的液体，但不包括由于其危险特性已列入其他类别的液体，其闭杯试验闪点等于或低于 61℃。

第 4 类，易燃固体、自燃物品和遇湿易燃物品。易燃固体指燃点低，对热、撞击、摩擦敏感，易被外部火源点燃，燃烧迅速，并可能散发出有毒烟雾或有毒气体的固体，但不包括已列入爆炸品的物品。自燃物品指自燃点低，在空气中易发生氧化反应，放出热量而自行燃烧的物品。遇湿易燃物品指遇水或受潮时，发生剧烈化学反应，放出大量的易燃气体和热量的物品，有的不需明火即能燃烧或爆炸。

第 5 类，氧化剂和有机过氧化物。氧化剂指处于高氧化态、具有强氧化性、易分解并放出氧和热量的物质，包括含有过氧基的无机物，其本身不一定可燃，但能导致可燃物的燃烧，与松软的粉末状可燃物能组成爆炸性混合物，对热、振动或摩擦较敏感。有机过氧化物指分子组成中含有过氧基的有机物，其本身易燃易爆，极易分解，对热、振动或摩擦极为敏感。

第 6 类，有毒品。有毒品指进入机体后，累积达一定的量，能与体液和器官组织发生生物化学作用或生物物理学作用，扰乱或破坏机体的正常生理功能，引起某些器官和系统暂时性或持久性的病理改变，甚至危及生命的物品。半数致死量(LD_{50})，是指能使一组被试验的动物(如家兔、白鼠等)死亡 50%的剂量。经口摄取，固体的 $LD_{50}\leqslant 500mg/kg$，液体的 $LD_{50}\leqslant 2000mg/kg$；经皮肤接触 24h，$LD_{50}\leqslant 1000mg/kg$；吸入粉尘、烟雾及蒸气时，固体或液体的 $LC_{50}\leqslant 10mg/L$。

第 7 类，放射性物品。放射性物品指放射性比活度大于 $7.4\times10^4Bq/kg$ 的物品。

第 8 类，腐蚀品。腐蚀品指能灼伤人体组织并对金属等物品造成损坏的固体或液体，包括与皮肤接触4h内使皮肤出现可见坏死现象,或温度在55℃时对20号钢的表面均匀年腐蚀率超过6.25mm的固体或液体。

常用危险化学品的包装标志见图1-1。

图1-1 常用危险化学品的包装标志

2. 易爆化学品及防爆

第1类危险化学品是爆炸品,使用时要特别注意防爆。实验过程中,许多易燃气体与空气混合,当两者比例达到爆炸极限时,受到适当热源(如电火花)的诱发,也会引起爆炸。一些气体的爆炸极限见表1-1。

表1-1 某些气体在空气中的爆炸极限(20℃,1.01×10^5 Pa)

气体	爆炸高限/%	爆炸低限/%	气体	爆炸高限/%	爆炸低限/%
氢	74.2	4.0	丙酮	12.8	2.6
乙烯	28.6	2.8	环氧乙烷	80.0	3.0
乙炔	80.0	2.5	乙酸乙酯	11.4	2.2
甲烷	14.0	5.3	一氧化碳	74.2	12.5
苯	6.8	1.4	水煤气	72.0	7.0
乙醇	19.0	3.3	煤气	32.0	5.3
乙醚	36.5	1.9	氨	27.0	15.5

注:表中数据为体积分数。

储存、使用爆炸品时应注意以下几点。

①使用易燃气体时,要防止气体逸出,室内通风要良好。进行容易引起爆炸的实验时,应有防爆措施。

②操作大量易燃气体时,严禁同时使用明火,还要防止发生电火花及其他撞击火花。

③有些药品,如叠氮铝、乙炔银、乙炔铜、高氯酸盐、过氧化物等受振和受热都易引起爆炸,使用时要特别小心。

④严禁将强氧化剂和强还原剂放在一起。

⑤久藏的乙醚使用前应除去其中可能产生的过氧化物。

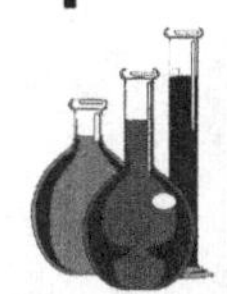

3. 压缩气体(液化气体)及钢瓶的使用安全

第2类危险化学品是压缩气体和液化气体。压缩气体和液化气体根据理化性质不同,可分为易燃气体和不燃气体。其中,易燃气体极易燃烧,与空气混合能形成爆炸性混合物,如正丁烷、氢气、乙炔;不燃气体常见的有氮、二氧化碳、氙、氩、氖、氦等,还包括助燃气体(如氧)、压缩空气等。

为了便于储运和使用,常将气体用降温加压法压缩或液化后储存于钢瓶内。实验室中高压气体钢瓶的种类可由其颜色等加以判别。高压气体钢瓶的标志见表1-2。

表1-2 几种常用高压气体钢瓶的标志

气体类别	瓶身颜色	字样	横条颜色	字样颜色
氮气	黑	氮	棕	黄
压缩空气	黑	压缩空气	—	白
二氧化碳	黑	二氧化碳	黄	黄
氧气	天蓝	氧	—	黑
氢气	深绿	氢	红	红
氯气	草绿	氯	白	白
氨	黄	氨	黑	黑
其他一切易燃气体	红	气体名称	—	白
其他一切不易燃气体	黑	气体名称	—	黄

压缩气体和液化气体储存和运输时应注意以下几点。

①钢瓶应存放在阴凉、通风、干燥、远离热源的地方。易燃气瓶应与氧气瓶分开存放。钢瓶周围不得堆放任何易燃材料。

②钢瓶入库验收时要注意包装外形应无明显损伤,附件齐全,封闭紧密,无漏气现象,包装使用期应在试压规定期内。逾期不准延期使用,必须重新试压。

③内容物互为禁忌物的钢瓶应分库储存。例如,氢气钢瓶与液氯钢瓶、氢气钢瓶与氧气钢瓶、液氯钢瓶与液氨钢瓶等,均不得同库混放。易燃气体不得与其他种类化学危险物品共同储存。储存时,钢瓶应直立放置整齐,最好用框架或栅栏围护固定,并留有通道。

④搬运钢瓶要小心轻放,钢瓶帽(安全帽)要旋上。严禁碰撞、抛掷、溜坡或横倒在地上滚动等。

⑤在使用时特别注意在手上、工具上、钢瓶和周围不能沾有油污(特别是气瓶出口和压力表上)。扳手上若有油污,可用酒精洗去,待干后使用,以防燃烧和爆炸。

⑥储存时钢瓶阀门应拧紧,不得泄漏,如发现钢瓶漏气,应迅速打开库门通风,拧紧钢瓶阀门,并将钢瓶立即移至安全场所。若是有毒气体,应戴上防毒面具。失火时应尽快将钢瓶移出火场,若来不及搬运,可用大量水冷却钢瓶降温,以防高温引起钢瓶爆炸。

⑦使用钢瓶中的气体时,要选用减压阀(气压表),各种气体的气压表不得混用,以防爆炸;安装时螺扣要旋紧,易燃气体(如 H_2、C_2H_2)钢瓶上阀门的螺纹为反扣,不燃或助燃

气瓶(如 N_2、O_2)则为正扣;开、关减压阀和总阀门时,动作必须缓慢;使用时应先旋开总阀门,后开减压阀;使用完毕,先关闭总阀门,待放尽余气后,再关闭减压阀。切不可只关减压阀,不关总阀门。

⑧开启总阀门时,操作人员应站在与气瓶接口处垂直的位置上,不要将头或身体正对总阀门,防止阀门或压力表冲出伤人。严禁敲打撞击气体钢瓶,并应检查有无漏气现象,注意压力表读数。

⑨不可将钢瓶内的气体全部用完,一定要保留 0.05MPa 以上的残留气压(减压阀表压)。易燃气体(如 C_2H_2)应剩余 0.2~0.3MPa,H_2 应保留 2MPa。

⑩各种钢瓶必须严格按照国家规定,进行定期技术检验,合格钢瓶才能充气使用。钢瓶在使用过程中,如发现有严重腐蚀或其他严重损伤,应提前进行检验。

4. 易燃化学品及防火

第 2 类危险化学品压缩气体和液化气体被储存在钢瓶中,如果气体泄漏后遇到火源,可能引起火灾。

第 3 类危险化学品为易燃液体。如乙醚、丙酮、乙醇、苯等许多有机溶剂非常容易燃烧,大量使用时室内不能有明火、电火花或静电放电。实验室内不可存放过多这类药品,用后还要及时回收处理,不可倒入下水道,以免聚集引起火灾。

第 4 类危险化学品包括易燃固体、自燃物品和遇湿易燃物品等。如磷、金属钠、钾、电石及金属氢化物等,在空气中易氧化自燃;还有一些金属如铁、锌、铝等粉末,比表面积大,也易在空气中氧化自燃。这些物质要隔绝空气保存,使用时要特别小心。

实验室如果着火不要惊慌,应根据情况进行灭火。如果火很小,用湿抹布或石棉板盖上就行;火势大时,可采用灭火器材来灭火。常用的灭火剂及器材有水、沙、二氧化碳灭火器、1211 灭火器、泡沫灭火器和干粉灭火器等。表 1-3 是常用的灭火器及其使用范围,可根据起火的原因选择使用。

表 1-3 常用的灭火器及其使用范围

灭火器类型	药液成分	适用范围
泡沫灭火器	$Al_2(SO_4)_3$、$NaHCO_3$	适用于扑救油类起火,但不能扑救水溶性可燃、易燃液体(如醇、酯、醚、酮)引起的火灾;也不能扑救带电设备起火
二氧化碳灭火器	液态 CO_2	适用于扑救油类起火,但不能扑救水溶性可燃、易燃液体(如醇、酯、醚、酮)引起的火灾;可以扑救带电设备起火;金属镁燃烧不可使用它来灭火
1211 灭火器	CF_2ClBr 液化气体	适用于扑救油类起火,但不能扑救水溶性可燃、易燃液体(如醇、酯、醚、酮)引起的火灾;也不能扑救带电设备起火
干粉灭火器	$NaHCO_3$ 等盐类、润滑剂、防潮剂	适用于扑救油类起火,但不能扑救水溶性可燃、易燃液体(如醇、酯、醚、酮)引起的火灾;可以扑救带电设备起火

水是常用的灭火物质。它能使燃烧物的温度下降,但对一般有机物着火不适用,因溶剂与水不相溶,又比水轻,水浇上去后,溶剂还漂在水面上,会扩散开来继续燃烧。但若燃

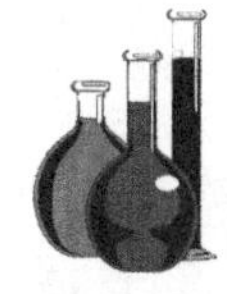

烧物与水互溶，或用水没有其他危险时，可用水灭火。在溶剂着火时，先用泡沫灭火器把火扑灭，再用水降温是有效的救火方法。一般实验室放置着盛有干沙的沙箱，如遇到不能用水扑救的燃烧，只要抛洒干沙在着火物体上，就可灭火。特别注意以下几种常见情况不能用水灭火。①金属钠、钾、镁、铝粉、电石、过氧化钠着火，应用干沙灭火；②比水轻的易燃液体，如汽油、苯、丙酮等着火，可用泡沫灭火器；③有灼烧的金属或熔融物的地方着火时，应用干沙或干粉灭火器；④电器设备或带电系统着火，可用二氧化碳灭火器或干粉灭火器。

5. 有毒化学品及防护

第 6 类危险化学品是有毒品。其主要特性是具有毒性，少量进入人、畜体内即能引起中毒，不但口服、吸入其蒸气会引起中毒，而且能通过皮肤吸收引起中毒。因此，其除了不得入口及吸入大量蒸气外，还应避免触及皮肤。不同有毒品的毒性大小是各不相同的。其根据化学组成不同，可分为无机剧毒品、有机剧毒品、无机毒害品、有机毒害品等。常见的有氰化合物（如氰化钠）、砷及其化合物（如三氧化二砷）等为无机剧毒品；硫酸二甲酯、四乙基铅、醋酸苯汞及某些有机农药等为有机剧毒品；汞、铅、钡、氟的化合物为无机毒害品；乙二酸、四氯乙烯、甲苯二异氰酸酯、苯胺及农药、鼠药等为有机毒害品。

有毒品储存、运输及使用时应注意以下几点。

①有毒品必须储存在仓库内，不得露天存放。应远离明火、热源；库房通风应良好；严禁将有毒品与食品或食品添加剂混储混运。一般不得与其他种类的物品（包括非危险品）共同储运，特别是与酸类及氧化剂应严格分开。

②实验前，应了解所用药品的毒性及防护措施。

③有毒气体（如 H_2S、Cl_2、Br_2、NO_2、浓 HCl 和 HF 等）的操作，应在通风橱内进行。

④苯、四氯化碳、乙醚、硝基苯等的蒸气会引起中毒。它们虽有特殊气味，但久嗅会使人嗅觉减弱，所以应在通风良好的情况下使用。

⑤有些药品（如苯、有机溶剂、汞等）能透过皮肤进入人体，应避免与皮肤接触。禁止徒手接触有毒品，特别是在皮肤破裂时，应停止或避免对有毒品的实验。

⑥氰化物、高汞盐[如 $HgCl_2$、$Hg(NO_3)_2$]、可溶性钡盐（如 $BaCl_2$）、重金属盐（如镉、铅盐）、三氧化二砷等剧毒药品，应严格按"五双"（双人验收、双人发货、双人保管、双把锁、双本账）管理制度处理，使用时要特别小心。

⑦进行有毒品实验时应严禁饮食、吸烟等。饮食用具不要带进实验室，以防毒物污染，离开实验室时应洗净双手。

6. 腐蚀品及防灼伤

第 8 类危险化学品是腐蚀品。这类化学品能灼伤人体组织，使用时要小心。如强酸、强碱、强氧化剂、溴、磷、钠、钾、苯酚、冰醋酸等都会腐蚀皮肤，特别要防止其溅入眼内；液氧、液氮等低温液体也会严重灼伤皮肤。万一灼伤，应及时治疗。

1.3.3 安全用电常识

违章用电常常会造成人身伤亡、火灾、损坏仪器设备等严重事故。化学实验室使用电器较多，要注意安全用电，特别是防止触电及引起火灾。

①不用潮湿的手接触电器。

②电源裸露部分应有绝缘装置(例如电线接头处应裹上绝缘胶布)。

③在实验前，先了解电器仪表要求使用的电源是交流电还是直流电，是三相电还是单相电，以及电压的高低(380V、220V、110V 或 6V)。还需弄清电器功率是否符合要求，及直流电器仪表的正、负极。

④所有电器的金属外壳都应保护接地。

⑤实验时，应先连接好电路后才接通电源。线路中各接点应牢固，电路元件两端接头不要互相接触，电线、电器不要被水淋湿或浸在导电液体中，以防短路。实验结束时，先切断电源再拆线路。

⑥室内若有氢气、煤气等易燃易爆气体，应避免产生电火花。继电器工作和开关电闸时，易产生电火花，要特别小心。

⑦仪表量程应大于待测量。若待测量大小不明，应从最大量程开始测量。

⑧电器接触点(如电插头)接触不良时，应及时修理或更换。修理或安装电器时，应先切断电源。

⑨在电器仪表使用过程中，如发现有不正常声响、局部升温或嗅到绝缘漆过热产生的焦味，应立即切断电源，并报告教师进行检查。

⑩如有人触电，应迅速切断电源，然后进行抢救。如遇电线起火，立即切断电源，用沙或二氧化碳灭火器、干粉灭火器灭火，禁止用水或泡沫灭火器等导电液体灭火。

1.4 实验室一般事故的处理措施

1.4.1 化学灼伤处理

①受强酸的腐蚀。酸溅在皮肤上，先用大量自来水冲洗，然后涂上碳酸氢钠油膏或凡士林；当酸溅入眼睛或口内，用大量清水冲洗后，用 3% 的碳酸氢钠溶液冲洗眼睛或漱口，并立即就医；如受氢氟酸腐蚀受伤，应迅速用清水冲洗，再用稀苏打溶液(碳酸氢钠饱和溶液或 1%～2% 乙酸溶液)冲洗，然后浸泡在冰冷的饱和硫酸镁溶液中半小时，最后涂敷氧化锌软膏(或硼酸软膏)。

②受强碱腐蚀。碱溅在皮肤上，立即用大量清水冲洗，然后用 1% 柠檬酸或 3% 硼酸溶液冲洗，再涂上烫伤油膏或凡士林；当碱液溅入眼睛时，除冲洗外，可滴入蓖麻油，然后用蒸馏水冲洗，并立即就医。

③碱金属氰化物、氢氰酸灼伤。碱金属氰化物、氢氰酸灼伤皮肤可用高锰酸钾溶液洗，再用硫化铵溶液漂洗，然后用水冲洗。

④溴灼伤。溴灼伤皮肤后，应立即用乙醇洗涤，然后用水冲净，涂上甘油或烫伤油膏。

⑤苯酚灼伤。苯酚灼伤皮肤，先用大量清水冲洗，然后用 4∶1 的乙醇(70%)-氯化铁(1mol/L)混合液进行洗涤。

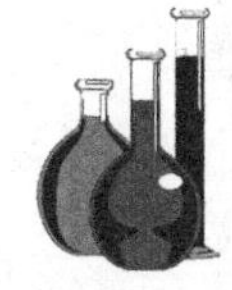

1.4.2 割伤和烫伤处理

①割伤(玻璃或铁器刺伤等)。若伤口内有异物,先取出异物,如轻伤可用蒸馏水、生理盐水或硼酸液擦洗伤处,用消毒纱布包扎或贴创可贴;伤势较重时,则先用酒精在伤口周围清洗消毒,再用纱布按住伤口压迫止血,并立即送往医院就医。

②烫伤。采取"冷散热"的措施,在水龙头下用冷水持续冲洗伤部,或将伤处置于盛冷水的容器中浸泡,持续 30min,以脱离冷源后疼痛已显著减轻为准。这样可以使伤处迅速、彻底地散热,使皮肤血管收缩,减少水肿,缓解疼痛,减少水泡形成,防止创面形成疤痕。

1.4.3 毒物与毒气误入口、鼻处理

①毒物误食。一般是先服用肥皂液或蓖麻油,再将手伸入咽喉促使毒物吐出,并立即送往医院就医。误食了酸或碱,不要催吐,可先立即大量饮水;误食碱者再喝些牛奶;误食酸者,再服 $Mg(OH)_2$ 乳剂,最后喝些牛奶。

②吸入刺激性、有毒气体。误吸入煤气等有毒气体时,应立即在室外呼吸新鲜空气。误吸入溴蒸气、氯气等有毒气体时,立即吸入少量酒精和乙醚的混合蒸气,以便解毒,同时应到室外呼吸新鲜空气。

1.4.4 触电处理

触电后应立即拉下电闸,尽快用绝缘物(干燥的木棒、竹竿)将触电者与电源隔离,必要时进行人工呼吸。当发生的事情较严重时,做了上述急救后应速送医院治疗。

1.4.5 起火处理

实验室着火时,要沉着、快速地处理。首先要切断热源、电源,把附近的可燃物品移走,再根据燃烧物的性质采取适当的灭火措施。但不可将燃烧物抱着往外跑,因为跑动时空气更流通,火会烧得更猛。

1.5 实验室三废的处理

1.5.1 废气的处理

产生少量有毒气体的实验应在通风橱内进行,通过排风排到室外(使排出气在大量空气中稀释),避免污染室内空气。

产生大量有毒气体的实验必须备有吸收或处理装置。如 CO_2、NO_2、SO_2、Cl_2、H_2S、HF 等气体可用导管通入碱液中,使其大部分被吸收后再排出;CO 可点燃转成 CO_2;可燃性有机废液可于燃烧炉中通氧气完全燃烧。

1.5.2 废液的处理

废酸、废碱经过中和处理至 pH 6~8 后,用水稀释后排入污水管道。

①含氰化物的废液。用氢氧化钠溶液调 pH 至 10 以上，再加入 3%的高锰酸钾溶液使氰化物氧化分解；氰化物含量高的废液用碱性氧化法处理，即调 pH 至 10 以上，加入次氯酸钠使氰化物氧化分解。

②含汞盐的废液。先调 pH 至 8～10，加入过量硫化钠，使其生成硫化汞沉淀，再加入共沉淀剂硫酸亚铁，生成的硫化亚铁将水中的悬浮物硫化汞微粒吸附而共沉淀，排出清液，残渣用焙烧法回收汞或再制成汞盐。但需注意的是，一定要在通风橱内进行。

③铬酸洗液失效的废洗液。先用 $FeSO_4$ 或 Na_2SO_3 还原残留的 Cr^{4+} 为 Cr^{3+}，再用废碱调 pH 至 6～8，使 Cr^{3+} 形成低毒的 $Cr(OH)_3$ 沉淀。

④含砷废液。可采用氧化钙调节 pH 至 8，使砷化合物生成砷酸钙和亚砷酸钙沉淀，经过滤而除去。也可调节 pH 至 10 以上，加入硫化钠与砷反应，生成难溶、低毒的硫化物沉淀而除去。

⑤含铅、镉废液。用消石灰等碱性试剂调 pH 至 8～10，使 Pb^{2+}、Cd^{2+} 生成 $Pb(OH)_2$ 和 $Cd(OH)_2$ 沉淀，同时加入硫酸亚铁作为共沉淀剂。

⑥含有有机溶剂的废液。倒入指定容器储存回收，集中处理。废乙醚、氯仿、乙醇、四氯化碳等废液都可以水洗后再用试剂处理，最后通过蒸馏收集沸点附近馏分，得到可再用的溶剂。

1.5.3 废渣的处理

对环境无污染、无毒害的固体废弃物按一般垃圾处理；不溶于水的固体废弃物不能直接倒入垃圾桶，必须将其在适当的地方烧掉或用化学方法处理成无害物；能放出有毒气体或能自燃的危险废料不能丢进废品箱内或排进废水管道中，应该统一回收，集中处理。

习题 1

1-1 选择题

1. 在实验中受到碱腐蚀，首先要用大量水冲洗，然后用弱酸中和残留的碱，下列不可用的试剂是 （　　）

A. 2%醋酸溶液　B. 稀盐酸　C. 1%柠檬酸溶液　D. 3%硼酸溶液

2. 在实验室做实验时，用剩药品的正确处理方法是 （　　）

A. 交还实验室　B. 倒入废液缸里　C. 倒入阴沟中　D. 倒回原试剂瓶

3. 在实验中手上皮肤受到强酸腐蚀，首先要用大量水冲洗，然后用弱碱中和残留的酸，下列药剂不在考虑之列的是 （　　）

A. 饱和碳酸氢钠溶液　B. 稀氨水　C. 肥皂水　D. 浓氨水

4. 氧气减压阀使用时应注意 （　　）

A. 加油润滑　B. 绝对禁油

C. 油棉绳密闭　D. 橡皮垫圈密封

5. 下列常用灭火器不适合用于油类引起的火灾的是 （　　）

A. 酸碱式灭火器　B. 泡沫灭火器　C. 干粉灭火器　D. 1211 灭火器

6. 若实验室电器着火，灭火方法是 （　　）

A. 立即用沙子扑灭　　B. 切断电源后用泡沫灭火器扑灭

C. 立即用水扑灭　　D. 切断电源后立即用二氧化碳灭火器扑灭

7. 实验室电器设备着火，不可采用的灭火器为 （　　）

A. 泡沫灭火器　　B. 二氧化碳灭火器　　C. 干粉灭火器　　D. CCl_4 灭火器

8. 实验室开启氮气钢瓶时有以下操作：①开启高压气阀；②观察低压表读数；③顺时针旋紧减压器旋杆；④观察高压表读数。正确的操作顺序是 （　　）

A. ①③②④　　B. ④②③①　　C. ①④③②　　D. ④③②①

9. 1211 灭火器的主要成分是 （　　）

A. 液态 CO_2　　B. $NaHCO_3$ 等盐类、润滑剂、防潮剂

C. $Al_2(SO_4)_3$、$NaHCO_3$　　D. CF_2ClBr 液化气体

10. 乙炔钢瓶外表面颜色和字样颜色组合正确的是 （　　）

A. 天蓝，黑　　B. 黑，黄　　C. 红，白　　D. 深绿，红

1-2　填空题

1. 如果实验时不小心烫伤，采用________的措施，使伤处迅速、彻底地散热，减少水泡形成，防止创面形成疤痕。

2. 氧气、氮气、氢气和空气钢瓶的颜色分别是______、______、______和______。

3. 对 NaCN 和洒落的 Hg 滴进行无害化处理的方法分别是________和______。

4. 溴蒸气对气管、肺部、鼻、眼、喉等器官都有强烈的刺激作用，进行有关溴的实验应在________中操作，不慎吸入少量溴蒸气时，可吸入少量______和______解毒。

5. 不用仪器检查煤气管道或钢瓶漏气的最简单方法的方法是用______涂抹可能漏气的部位，看有无______________。

1-3　简答题

1. 高压气体钢瓶的开启和关闭顺序如何？减压阀的开闭有何特别之处？

2. 若实验室中发生镁燃烧的事故，可否用水或二氧化碳灭火器扑灭？应用何种方法灭火？（写出必要的反应方程式）

3. 衣服上沾有铁锈时，需用草酸去洗，试说明原因。

（梁华定编）

第2章 实验结果的数据表达与处理

2.1 测量中的实验误差与偏差

2.1.1 准确度与精密度的表示方法

1. 误差与准确度

准确度是指测量值与真实值之间的符合程度，通常用误差大小表示。误差越小，测量值(x_i)与真实值(x_T)越接近，准确度越高。

误差分为绝对误差和相对误差。绝对误差(E)是指测量值与真实值之差；相对误差(E_r)是指绝对误差在真实值中所占的比例，分别表示为

$$E = x_i - x_T$$

$$E_r = \frac{E}{x_T} \times 100\%$$

绝对误差和相对误差都有正负之分。正值表示测定结果偏高；负值表示测定结果偏低。相对误差与被测量值的大小有关，用相对误差表示测定结果的准确度通常更为确切、合理。

但在实际工作中，真实值通常是未知的，无法计算准确度，因此，通常用“标准值”代替真实值来检查分析结果的准确度。有时也用精密度说明测定结果的好坏。

2. 偏差与精密度

精密度是指在相同条件下，多次平行测定结果相互接近的程度，它体现了测定结果的重现性。精密度用偏差来表示。偏差越小，说明测定结果的精密度越高；偏差越大，精密度越低。

偏差也分为绝对偏差(d)和相对偏差(d_r)。绝对偏差(d)是指测量值(x_i)与平均值($\overline{x}$)之差；相对偏差(d_r)是指绝对偏差在平均值中所占的比例，分别表示为

$$d = x_i - \overline{x}$$

$$d_r = \frac{d}{\overline{x}} \times 100\%$$

在实际工作中，常用绝对平均偏差($\overline{d}$)和相对平均偏差($\overline{d_r}$)来表示测定结果。若 n 为测量次数，用计算公式表示为

$$\overline{d} = \frac{\sum_{i=1}^{n} |x_i - \overline{x}|}{n}$$

$$\overline{d_r} = \frac{\overline{d}}{\overline{x}} \times 100\% = \frac{\sum_{i=1}^{n} |x_i - \overline{x}|}{n\overline{x}} \times 100\%$$

用平均偏差表示精密度比较简单，但有时数据中的大偏差得不到应有的反映，通常用标准偏差(σ)和相对标准偏差(RSD)来更好地衡量测定值的分散程度。

当测定次数趋于无穷大时，其标准偏差(σ)的计算公式为

$$\sigma = \sqrt{\frac{\sum_{i=1}^{n}(x_i-\mu)^2}{n}}$$

式中，μ 为总体平均值，为无限多次测定的平均值，在无系统误差存在时即为真实值。

由于实际工作中只做有限次测量，测定值的分散程度要用样本标准偏差(s)表示。其计算公式为

$$s = \sqrt{\frac{\sum_{i=1}^{n}(x_i-\overline{x})^2}{n-1}}$$

式中，用样本平均值 $\overline{x}$ 代替总体平均值 μ，当测定次数足够多时，s 将趋近于 σ。s 值愈小，分散程度愈小，精密度愈高。

相对标准偏差(RSD)，也称为变异系数(CV)，为标准偏差与平均值之比，用百分率表示。

$$\mathrm{RSD} = \frac{s}{\overline{x}} \times 100\%$$

由以上有关误差和偏差的概念可知，精密度是保证准确度的先决条件，测定时应首先保证测定的精密度，但高的精密度不一定能保证高的准确度。我们在评价测量结果的时候，要同时考虑到准确度和精密度。

2.1.2 误差产生的原因与减免的方法

根据误差产生的原因与特点，可将误差区分为系统误差和偶然误差。

1. 系统误差及减免

系统误差(也叫可定误差)是由某种确定的原因所引起的误差。系统误差根据产生的原因不同，可分为方法误差、仪器误差、试剂误差及操作误差等。

方法误差是由于测定方法本身缺陷或不够完善所引起的误差。例如，反应进行不完全，干扰离子的存在，指示剂选择不当等，或者由于计算公式不够严格，公式中系数的近似而引入误差。

仪器误差是由于所用仪器本身不够准确或未经校正所引起的误差。例如，称量仪器、容量仪器、温度计等刻度不够准确而未经校正，仪表零点未调好，指示值不准确等仪器系统的因素会造成误差。

试剂误差是由试剂不纯及实验用的蒸馏水中含有杂质引入的误差。

操作误差是在正常操作情况下，由于操作人员的习惯而引起的误差。例如，读取滴定管的读数偏高或偏低，对终点颜色辨别不够敏锐等会引起误差。

系统误差对测定结果的影响比较固定，它具有单向性和重复性，即正负、大小都有一定的规律，当重复进行测定时会重复出现。为了减少系统误差，通常根据具体情况，可以

采用对照试验、空白试验、仪器校准等方法来检验和消除系统误差。

对照试验是检查测定过程中有无系统误差的最有效的方法。可以选用与试样组成相近的标准试样来作对照；也可以用标准方法（国家颁布的标准方法或公认可靠的“经典”分析方法）和选用不同方法同时测定某一样品作对照；还可以通过不同分析人员测定同一样品进行对照。

对于组成不十分清楚的试样，常采用加标回收法检查方法的准确度。这种方法是向试样中加入已知量的被测组分，与另一份试样进行平行分析，看看加入的被测组分能否定量回收，由回收率检查是否存在系统误差。

空白试验是指在不加试样的情况下，按照试样分析步骤和条件进行分析，所得结果称为“空白值”。从试样分析结果中扣除空白值，可以消除由试剂、水和容器等因素造成的误差。

在准确度要求较高的分析中，应按要求对分析仪器定期进行检查和校正。如对于滴定管、移液管、容量瓶等容量仪器，除注意其质量等级外，必要时要进行体积的校正，求出校正值，在计算结果时采用，以消除由仪器带来的误差。

2. 偶然误差及减免

偶然误差（或称随机误差和不可定误差）是由某种偶然因素（实验时环境的温度、湿度和气压的微小波动，仪器性能的微小变化）所引起的误差。

偶然误差难以察觉，也难以控制。但在消除系统误差后，在同样条件下进行多次测定，则可发现偶然误差的分布服从一般的统计规律。因此，通过增加平行测定的次数，偶然误差可随着测定次数的增加而迅速减小至逐渐接近于零。在一般化学分析中，对于同一试样，通常要求平行测定 4～6 次，以获得较准确的分析结果。如平行测定 11 次，偶然误差已减小到不是很显著的数值，再增加测定次数不仅收效甚微，而且耗费太多的时间和试剂。

2.2 实验数据记录与有效数字

2.2.1 数据记录与有效数字

在实验中，不仅要准确测定物理量，而且要正确记录测得的数据并计算。

实验过程中的各种测量数据及有关现象，应及时、清楚地记录在专门的实验数据表上。数据记录一般包括题目、日期、实验条件（如室温、大气压）、仪器型号、试剂名称、级别、溶液浓度以及直接测量的数据。记录数据时，要有严谨的科学态度，实事求是，切忌随意拼凑和主观伪造。重复测量时，即使数据完全相同，也要记录下来。

所记录的测量值的数字不仅表示数量大小，而且要正确地反映测量的准确程度。因此，记录数据时要根据仪器的精密度注意小数点后的位数，通常认为有效数字中末位数字的绝对误差是±1 个单位，不能任意增加或减少。例如，称得 NaCl 质量为 1.2350g，表示该物质是在可测量到 0.0001g 的分析天平上称量得到的，最后一位为估计数字，可能有±0.0001g的误差；若记为 1.2g，则表示该物质是在只能测量到 0.1g 的台秤上称量的，可

能有±0.1g的误差。同样，如滴定管的初始读数为零时，应记为0.00mL，而不能记为0mL。有效数字一方面反映了数量的大小，另一方面也反映了测量的精确程度。有效数字是指实际测量到的数字，包括所有准确数字和最后一位可疑数字。由此可知，有效数字的位数和测量的精确程度直接相关。常见仪器的精确度见表2-1。

表2-1 常见仪器的精确度

仪器名称	仪器的精确度	举例	有效数字位数
台秤	±0.1g	1.2g	2位
电光分析天平	±0.0001g	1.2350g	5位
千分之一电子天平	±0.001g	1.235g	4位
100mL量筒	±1mL	75mL	2位
滴定管	±0.01mL	25.00mL	4位
容量瓶	±0.01mL	100.00mL	5位
移液管	±0.01mL	10.00mL	4位
pHS-3C型酸度计	±0.01	6.26	2位

在判断有效数字的位数时，应注意"0"的双重作用：有时只起定位作用，有时为有效数字。这主要取决于"0"的位置。如1.2350g为五位有效数字；若写作0.0012350kg，仍为五位有效数字，数据中第一个非零数字之前的"0"只起定位作用，与所采用的单位有关，而与测量的精确程度无关，所以不是有效数字。而末尾的"0"关系到测量的精确程度，是有效数字，不能随意略去。

2.2.2 有效数字的运算规则

1. 数字修约规则

在处理数据时，涉及的各测量值的有效数字位数可能不同，按计算规则，需要对有效数字的位数进行取舍。一旦应保留的有效数字位数确定，其余尾数部分一律舍弃，这个过程称为修约。修约应一次到位，不得连续多次修约。目前都采用四舍六入五留双规则对数字进行修约。即被修约的数字≤4时，舍去；被修约的数字≥6时，进位；被修约的数字=5时，若5后面的数字不全为0，进位，若5后面都是0，则按奇进偶不进的原则进行修约，即修约后的末位数字为偶数。例如，将数据14.2432、26.3690、1.34501、1.34500、1.33500修约为三位有效数字，结果为14.2、26.4、1.35、1.34、1.34。

2. 有效数字的计算规则

在分析结果的计算中，为保证计算结果的准确度与实验数据相符合，防止误差迅速累积，必须运用有效数字的计算规则，做到合理取舍，既不无原则地保留太多位数使计算复杂化，也不随意舍弃尾数而影响测定的准确度。具体做法是，测定值先多保留一位有效数字(称为安全数)，运算过程中再按下列规则将各数据进行修约，然后计算结果。

①在进行加减运算时，各数据及最后计算结果所保留的小数点后的位数与小数点后

的位数最少的一个数字相同。如：

$$0.0121+12.56+7.8432=0.012+12.56+7.843=20.415=20.42$$

②在进行乘除运算时，各数据及最后计算结果所保留的位数应与有效数字位数最少的一个数字相同。如：

$$\frac{0.0142\times24.43\times305.84}{28.67}=\frac{0.0142\times24.43\times305.8}{28.67}=3.70$$

③在进行乘方或开方运算时，其有效数字位数不变。如：

$$6.54^2=42.8$$

$$\sqrt{7.56}=2.75$$

④在进行对数计算时(如计算 pH、pM、lg$c$、lg$K$ 等)，对数的位数应与真数的有效数字位数相同。如：

$$c(H^+)=6.3\times10^{-11}\text{mol/L}\quad pH=10.20$$

⑤单位变换不影响有效数字位数。如 10.00mL 若以 L 为单位，其值应该仍为四位有效数字，即 0.001000L。

⑥数据进行乘除运算时，若第一位数字大于或等于 8，其有效数字位数可多算一位。如 9.46 可看作是四位有效数字。

⑦表示分析结果的精密度和准确度时，误差和偏差等可根据实际测量情况只取一位或两位有效数字。

⑧当计算中需要用到相对原子质量、相对分子质量及有关常数(如 π、e 等)等数据时，应根据有效数字计算规则的要求选取有效数字的位数，以保证计算结果的准确性。

⑨使用计算器进行连续运算的过程中可能保留了过多的有效数字，但最后结果应当按数字修约规则修约成适当的数字，以正确表达分析结果的准确度。

2.2.3 实验可疑数据的取舍

1. 置信度与置信区间

置信度是指以测量值为中心，在一定范围内，真实值出现在该范围内的概率。在某一置信度下，以测量值为中心，真实值出现的范围称为置信区间。平均值的置信区间可表示为

$$\mu=\bar{x}\pm t\times\frac{s}{\sqrt{n}}$$

式中，s 为有限次测定的标准偏差；n 为测定次数；t 为选定的某一置信度下的概率系数(统计因子)，其值可从表 2-2 中查得。

表 2-2 不同测定次数及不同置信度的 t 值

测定次数	置信度				
	0.999	0.5	0.9	0.95	0.99
2	1.000	6.314	12.706	63.675	127.32
3	0.816	2.920	4.303	9.925	14.089

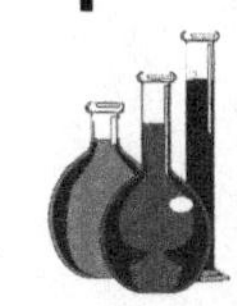

续表

测定次数	置信度				
	0.999	0.5	0.9	0.95	0.99
4	0.765	2.353	3.182	5.841	7.453
5	0.741	2.132	2.776	4.604	5.598
6	0.727	2.015	2.571	4.032	4.773
7	0.718	1.943	2.447	3.707	4.317
8	0.711	1.895	2.365	3.500	4.317
9	0.706	1.860	2.306	3.335	3.832
10	0.703	1.833	2.262	3.14	3.690
11	0.700	1.812	2.228	3.169	3.561
21	0.687	1.725	2.086	2.845	3.153
∞	0.674	1.645	1.960	2.576	2.807

表2-2表明，测定次数越多，t 值越小，因而求得的置信度区间的范围越窄，即测定平均值与总体平均值越接近。测定 20 次以上与测定次数为∞时的 t 值相差不多，表示当测定次数超过 20 时，再增加测定次数对提高测定结果的准确度已经没有意义了。

2. 实验可疑数据的取舍

在一组测定值中，常会出现个别数据与其他数据偏离较远，这些偏离数值称为可疑值。可疑值应根据一定的统计学方法决定取舍。常用的方法有 Q 检验法。

当测量次数 n 为 3～10 时，通常采用 Q 检验法。Q 检验法是将测定值按大小顺序排列，由可疑值与其相邻值之差的绝对值除以极差，求得 Q 值。

$$Q=\frac{|x_{\text{疑}}-x_{\text{邻}}|}{x_{\text{最大}}-x_{\text{最小}}}$$

Q 值愈大，表明可疑值离群愈远，当 Q 值超过一定界限时应舍去。表 2-3 所示数据为不同置信度下舍弃可疑数据的 Q 值。当计算值大于或等于表 2-3 所示数据时，该可疑值应舍去，否则应予保留。

表 2-3　不同置信度下舍弃可疑数据的 Q 值

置信度	测定次数							
	3	4	5	6	7	8	9	10
0.90	0.94	0.76	0.64	0.56	0.51	0.47	0.44	0.41
0.95	0.97	0.84	0.73	0.64	0.59	0.54	0.51	0.49
0.99	0.99	0.93	0.82	0.74	0.68	0.63	0.60	0.57

2.3 实验数据的处理与表达

取得实验数据后，应进行整理、归纳，并以简明的方式表达实验结果。实验数据的表达方法主要有三种：列表法、作图法和数学方程式法。下面分别介绍列表法、作图法。

2.3.1 列表法

在化学实验中，数据测量一般至少包括两个变量，在实验数据中选出自变量和因变量。列表法就是将这一组实验数据的自变量和因变量的各个数值依一定的形式和顺序一一对应列出来。制表时需注意以下事项。

①每一表格都应写出表的序号及完整又简明的表名。在表名不足以说明表中数据含义时，则在表名或表格下方再附加说明，如有关实验条件、数据来源等。

②表格中的每一横行或纵行都应该详细写上名称及单位，在不加说明即可了解的情况下，名称应尽可能用符号表示。因表中列出的通常是一些纯数（数值），因此，行首的名称及单位应写成名称符号/单位符号，如 p/Pa。

③表中的数值应用最简单的形式表示，公共的乘方因子应放在栏头注明。

④直接测量的数值可与处理的结果并列在一张表中，必要时在表下方注明数据的处理方法或计算公式。

⑤表格中数值应注意有效数字的位数。在每一行中的数字要排列整齐，同一纵行中的小数点应对齐，数值为零时应记为“0”，数值空缺时应记一横划“—”。

2.3.2 作图法

用作图法表达化学实验数据，能清楚地显示出所研究的变量的变化规律，如极大值、极小值、转折点、周期性、数量的变化速率等重要性质。根据所作的图形，我们可以将数据做进一步处理，如作切线求函数的微商、求面积、求外推值、求极值或转折点、求经验方程等。制图时需注意以下事项。

①要选择好坐标纸。最常用的是直角坐标纸，有时也选用半对数坐标纸或对数坐标纸，在表达三组分体系相图时，则选用三角坐标纸。

②要选择好坐标轴及分度。习惯上以 x 轴代表自变量，y 轴代表应变量。每个坐标轴应注明名称及单位，写成名称符号/单位符号，如 p/Pa；坐标轴分度要能表示全部有效数字；坐标轴上每小格的数值应可方便读出，且每小格所代表的变量应为 1、2、5 的整数倍，不应为 3、7、9 的整数倍；如无特殊需要，可不必将坐标原点作为变量零点，而从略低于最小测量值的整数开始，这样可使作图更紧凑，读数更精确；若曲线是直线或近乎直线，分度的选择应使直线与 x 轴成 45°夹角。

③做好图点的标绘。将测得的数据，以点描绘于图上。在同一个图上，如有几组测量数据，可分别用△、×、⊙、○、●等不同符号加以区别，并在图上注明这些符号各代表何种情况。

④绘制曲线。作出各测量点后，用直尺或曲线板画直线或曲线。要求线条能连接尽可能多的实验点，但不必通过所有的点，未连接的点应均匀分布于曲线两侧，且与曲线的

距离应接近相等。曲线要光滑均匀，细而清晰。连线的好坏会直接影响实验结果的准确性，如有条件鼓励用计算机作图。

2.3.3 实验数据图表的计算机处理

实验数据处理过程中，经常遇到用实验数据作图或对实验数据计算后作图，然后进行线性拟合，由拟合直线的斜率或截距求得需要的参数；或者进行非线性曲线拟合，作切线，求截距或斜率。这些方法可以通过计算机进行快速、准确的处理。化学实验数据处理通常采用 Origin 软件和 Excel 软件。下面重点介绍 Origin 软件的操作。

化学实验数据处理主要用到 Origin 软件的如下功能：对数据进行函数计算或输入表达式计算、数据点屏蔽、线性拟合、插值与外推、多项式拟合、非线性曲线拟合、差分等。

对数据进行函数计算或输入表达式计算的操作如下：在工作表中输入实验数据，点击需要计算的数据行顶部，从快捷菜单中选择“Set Column Values”，在文本框中输入需要的函数、公式和参数，点击“OK”，即刷新该行的值。

Origin 可以屏蔽单个数据或一定范围的数据，以去除不需要的数据。屏蔽图形中的数据点的操作如下：打开 View 菜单中“Toolbars”，选择“Mask”，然后点击“Close”。点击工具条上“Mask Point Toggle”图标，双击图形中需要屏蔽的数据点，数据点变为红色，即被屏蔽。点击工具条上“Hide/Show Mask Points”图标，可隐藏或显示被屏蔽的数据点。

线性拟合的操作如下：绘出散点图，选择 Analysis 菜单中的“Fit Linear”或 Tools 菜单中的“Linear Fit”，即可对该图形进行线性拟合。结果记录中显示拟合直线的公式、斜率和截距的值及其误差、相关系数和标准偏差等数据。

插值与外推的操作如下：线性拟合后，在图形状态下选择 Analysis 菜单中的“Interpolate/Extrapolate”，在对话框中输入最大 x 值、最小 x 值及直线的点数，即可对直线插值和外推。

Origin 提供了多种非线性曲线拟合方式：①在 Analysis 菜单中提供了如下拟合函数：多项式拟合、指数衰减拟合、指数增长拟合、S 形拟合、Gaussian 拟合、Lorentzian 拟合和多峰拟合；在 Tools 菜单中提供了多项式拟合和 S 形拟合。②Analysis 菜单中的“Nonlinear Curve Fit”选项提供了许多拟合函数的公式和图形。③Analysis 菜单中的“Nonlinear Curve Fit”选项可让用户自定义函数。

多项式拟合用于多种曲线，且方便易行，操作如下：对数据作散点图，选择 Analysis 菜单中的“Fit Polynomial”或 Tools 菜单中的“Polynomial Fit”，打开多项式拟合对话框，设定多项式的级数、拟合曲线的点数、拟合曲线中 x 的范围，点击“OK”或“Fit”即可完成多项式拟合。结果记录中显示拟合的多项式公式、参数的值及其误差，R^2（相关系数的平方），SD（标准偏差），N（曲线数据的点数），P 值（$R^2=0$ 的概率）等。

差分即对曲线求导，在需要作切线时用到，可在曲线拟合后，对拟合的函数手工求导，或用 Origin 对曲线差分，操作如下：选择需要差分的曲线，点击 Analysis 菜单中“Calculus/Differentiate”，即可对该曲线差分。

另外，Origin 可打开 Excel 工作簿，调用其中的数据，进行作图、处理和分析。Origin 中的数据表、图形以及结果记录可复制到 Word 文档中，并进行编辑处理。

关于 Origin 软件的更详细的用法,请参照 Origin 用户手册及有关参考资料。

2.4 实验报告的撰写要求

实验报告的撰写应该做到内容真实可靠,叙述简明扼要,文字通顺,条理清楚,字迹工整,图表清晰。一般地,一份完整的实验报告分为实验目的和要求、实验原理、实验仪器和药品、实验步骤、实验数据和结果、评价和讨论六个部分。

“实验目的和要求”主要体现本次实验所涉及并要求掌握的知识点和基本操作,可参照每一个具体实验的实验目的撰写。

“实验原理”主要体现实验原理分析,可参照每一个具体实验的实验原理,用简练的语言表述。

“实验仪器和药品”要写明本实验所用的主要仪器设备名称、型号及厂家,试剂名称、浓度及规格。

“实验步骤”是报告中比较重要的部分,应该写明简要的实验操作步骤,在此项中还应写出实验的注意事项,以保证实验的顺利进行。

“实验数据和结果”包括实验数据、数据处理及结果,或者直接附上原始数据表或打印的有关图表,这是报告的主体部分。在记录中,即使得到的结果不理想,也不能修改,可以通过分析和讨论找出原因和解决的办法,养成实事求是和严谨的科学态度。

“评价和讨论”是对实验结果进行分析评价,讨论实验中遇到的问题及处理方法,总结实验的心得体会,并提出实验的改进意见等。此项是回顾、反思、总结和拓展知识的过程,是实验的升华。这是实验报告的重点和难点,应给予足够的重视。

化学实验报告的书写格式没有固定的要求,可以根据实验类型的不同而不同,学生根据不同的实验类型设计不同形式的报告。

2.4.1 常数测定实验报告示例

常数测定实验报告可参考如下格式。

实验 11 醋酸电离度和电离常数的测定

一、实验目的

1. 学习测定醋酸电离度和电离常数的基本原理和方法。

2. 学会酸度计的使用方法。

3. 进一步熟悉溶液的配制和酸碱滴定操作。

二、实验原理

醋酸(CH_3COOH,简写成 HAc)是一种弱酸,在水溶液中存在下列电离平衡:

$$HAc\ (aq) \rightleftharpoons H^+\ (aq) + Ac^-\ (aq)$$

其电离常数的表达式为

$$K_{HAc} = \frac{c_{H^+} c_{Ac^-}}{c_{HAc}}$$

式中,c_{H^+}、c_{Ac^-} 和 c_{HAc} 分别为 H^+、Ac^- 和 HAc 的平衡浓度,单位为 mol/L;K_{HAc} 为醋酸的酸常数(电离常数)。设 HAc 的起始浓度为 c_0(mol/L),醋酸的电离度为 α,在纯醋酸溶液中,

$c_{H^+}=c_{Ac^-}=c_0\alpha$,$c_{HAc}=c_0-c_{H^+}=c_0(1-\alpha)$,醋酸电离度、电离常数表示如下:

$$\alpha=\frac{c_{H^+}}{c_0}\quad K_{HAc}=\frac{c_{H^+}\,c_{Ac^-}}{c_{HAc}}=\frac{c_{H^+}^2}{c_0-c_{H^+}}$$

在一定温度下,用酸度计测定已知浓度的醋酸溶液的 pH,根据 $pH=-\log c_{H^+}$,换算成 c_{H^+},代入上述关系式中,可求得该温度下醋酸的电离常数 K_{HAc}和电离度 α。

三、仪器与试剂(略)

四、实验内容

1. 醋酸溶液浓度的标定

用移液管取 25.00mL 待标定浓度(约 0.1mol/L)的 HAc 溶液,置于 250mL 锥形瓶中,滴加 2～3 滴酚酞指示剂,用 NaOH 标准溶液滴定至溶液呈现粉红色,并在半分钟内不褪色为止。准确记录所用 NaOH 标准溶液的体积。重复滴定 2 次(前后滴定所用 NaOH 标准溶液的体积差应小于 0.05mL)。

2. 配制不同浓度的醋酸溶液

用移液管和吸量管分别取已测得准确浓度的 HAc 溶液 25.00mL、10.00mL 和 5.00mL 分别放入 3 只 50mL 的容量瓶中,再用蒸馏水稀释至标线处摇匀备用。

3. 测定不同浓度的醋酸溶液的 pH

取上述三种溶液和原溶液各 30mL 左右,分别放入 4 只洁净、干燥的 50mL 烧杯中,按由稀到浓的顺序在酸度计上分别测出它们的 pH 值。

五、数据记录与处理

1. 醋酸溶液浓度的标定

测定序号		1	2	3
NaOH 标准溶液浓度 c_{NaOH}/(mol/L)				
HAc 溶液用量 V_{HAc}/mL				
NaOH 标准溶液用量 V_{NaOH}/mL				
HAc 溶液浓度 c_{HAc}/(mol/L)	测定值			
	平均值			

2. 不同浓度的醋酸溶液的 pH 值

室温:________

编号	V_{HAc}/mL	c_{HAc}/(mol/L)	pH值	c_{H^+}/(mol/L)	电离度 α	K_{HAc}			相对误差/%
						测定值	平均值	文献值	
1	5.00								
2	10.00							1.76×10^{-5}	
3	25.00								
4	50.00								

六、评价和讨论

比较分析实验结果与文献资料数据的差别，分析总结本次试验的成败因素，对实验方法提出新的建议等。

2.4.2　性质实验报告示例

对于常见的验证性实验，由于实验步骤部分内容较多，且相互间无过多联系，一般可以采用表格形式。表格可以分成四大块：实验步骤、实验现象、实验解释和结论。性质实验报告可参考如下格式。

实验18　d区金属元素（铬、锰、铁、钴、镍）

一、实验目的

1. 试验并掌握铬、锰主要氧化态化合物的重要性质及各氧化态之间相互转化的条件。

2. 试验并掌握二价铁、钴、镍的还原性和三价铁、钴、镍的氧化性。

3. 试验并掌握铁、钴、镍的配合物的生成及性质。

二、实验内容

1. 铬的化合物

实验内容	实验步骤	实验现象	解释	方程式
$Cr(OH)_3$的生成和性质	0.1mol/L $CrCl_3$ +6mol/L NaOH+H^+/OH^-	生成灰蓝色胶状沉淀 加入酸或者碱后沉淀消失	生成了氢氧化铬沉淀 氢氧化铬既溶于酸又溶于碱，具有两性	$Cr^{3+}+3OH^- \longrightarrow Cr(OH)_3\downarrow$ $Cr(OH)_3+H^+ \longrightarrow Cr^{3+}+3H_2O$ $Cr(OH)_3+OH^- \longrightarrow CrO_2^-+2H_2O$
Cr^{3+}的还原性	①0.1mol/L $CrCl_3$ +2滴6mol/L HCl+5滴3% H_2O_2 ②0.1mol/L $CrCl_3$ +2滴6mol/L NaOH+5滴3% H_2O_2	在酸性条件下，加入双氧水，颜色没有变化 在碱性条件下，加入双氧水，有黄色溶液生成	在酸性溶液中Cr^{3+}的还原性不强 在碱性溶液中Cr^{3+}具有较强的还原性	$2CrO_2^-+3H_2O_2+2OH^- \longrightarrow 2CrO_4^{2-}+4H_2O$
CrO_4^{2-}与$Cr_2O_7^{2-}$间的相互转化	0.5 mL 0.1 mol/L $K_2Cr_2O_7$ +5滴2mol/L NaOH+5滴2 mol/L H_2SO_4	$Cr_2O_7^{2-}$加碱转变为黄色的溶液，黄色溶液加酸后又转变为橙红	CrO_4^{2-}与$Cr_2O_7^{2-}$间可通过酸碱调节实现相互转化	$2CrO_4^{2-}+2H^+ \rightleftharpoons Cr_2O_7^{2-}+H_2O$

2. 锰的化合物

实验内容	实验步骤	实验现象	解释	方程式
$Mn(OH)_2$的生成和性质	① 0.1mol/L $MnSO_4$ + 5 滴 2mol/L NaOH ② 0.1mol/L $MnSO_4$ + 5 滴 2mol/L NaOH+2mol/L HCl ③ 0.1mol/L $MnSO_4$ + 5 滴 2mol/L NaOH+2mol/L NH_4Cl ④0.1mol/L $MnSO_4$+2mol/L NaOH(过量)	生成肉色沉淀 沉淀加入盐酸和氯化铵溶液消失 沉淀加入过量碱后不消失	氢氧化锰属于碱性氢氧化物，溶于酸及酸性盐溶液，而不溶于碱	$Mn^{2+}+2OH^- \longrightarrow Mn(OH)_2\downarrow$ $Mn(OH)_2 + 2H^+ \longrightarrow Mn^{2+}+2H_2O$ $Mn(OH)_2 + 2NH_4^+ \longrightarrow Mn^{2+}+NH_3+2H_2O$
Mn^{2+}的还原性	3mL 2mol/L HNO_3 + 2 滴 0.1mol/L $MnSO_4$+$NaBiO_3$(s)	溶液转变成紫红色	Mn^{2+}与强氧化剂(如$NaBiO_3$、PbO_2、$S_2O_8^{2-}$等)作用时，可生成紫红色MnO_4^-	$5NaBiO_3 + 2Mn^{2+} + 14H^+ \longrightarrow 2MnO_4^- + 5Bi^{3+} + 5Na^+ + 7H_2O$

三、评价与讨论

比较分析实验现象与理论课内容是否存在差别，分析总结本次实验成败的因素，并根据相应的实验现象给出合理的解释。

2.4.3 制备实验报告示例

制备实验报告可参考如下格式。

实验 26 硫酸亚铁铵的制备及纯度的测定

一、实验目的

1. 掌握制备复盐硫酸亚铁铵的方法，了解复盐的特性。
2. 掌握水浴加热、蒸发、浓缩、结晶、减压过滤等基本操作。
3. 了解无机物制备的投料、产量、产率的有关计算及产品纯度的检验方法。

二、实验原理

$$Fe+H_2SO_4 \longrightarrow FeSO_4+H_2\uparrow$$

$$FeSO_4+(NH_4)_2SO_4+6\ H_2O \longrightarrow (NH_4)_2SO_4\cdot FeSO_4\cdot 6H_2O$$

Fe^{3+}与SCN^-能生成红色物质$[Fe(NCS)]^{2+}$，红色深浅与Fe^{3+}相关，采用目视比色法可估计产品中所含杂质Fe^{3+}的含量范围，确定产品等级。

三、仪器与试剂(略)

四、实验内容

1. 铁屑的净化

锥形瓶 $\xrightarrow{\text{加入 2g 铁屑}}$ 洗涤 $\xrightarrow[\text{加热 10min}]{\text{15mL 10\% }Na_2CO_3}$ 倒去碱性溶液，用水冲洗干净

2. 硫酸亚铁铵的制备

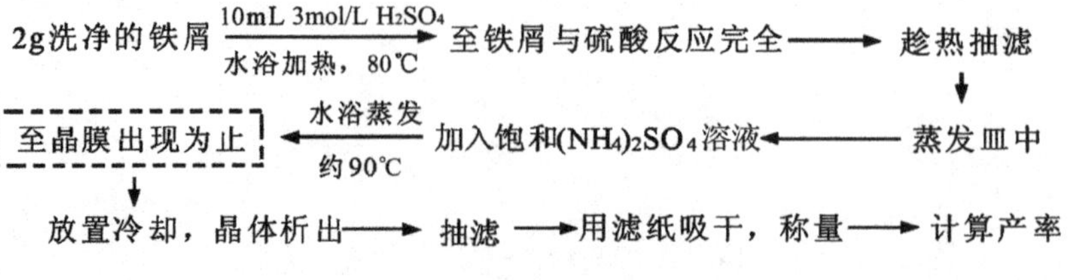

2g洗净的铁屑 $\xrightarrow[\text{水浴加热，80℃}]{\text{10mL 3mol/L }H_2SO_4}$ 至铁屑与硫酸反应完全 ⟶ 趁热抽滤 ⟶ 蒸发皿中 ⟶ 加入饱和$(NH_4)_2SO_4$溶液 $\xrightarrow[\text{约 90℃}]{\text{水浴蒸发}}$ 至晶膜出现为止 ⟶ 放置冷却，晶体析出 ⟶ 抽滤 ⟶ 用滤纸吸干，称量 ⟶ 计算产率

3. 产品检验(Fe^{3+}的限量分析)(略)

五、数据记录和结果处理

铁粉质量/g	$(NH_4)_2SO_4$ 质量/g	理论产量/g	实际产量/g	产率/%	产品外观

六、评价和讨论

联系本人实验结果,分析$(NH_4)_2SO_4 \cdot FeSO_4 \cdot 6H_2O$制备与纯化操作条件对产品纯度、产品回收率的影响等。

2.4.4 应用性、设计性实验报告示例

应用性、设计性实验报告可参考如下格式。

实验41 纳米二氧化硅的吸附性能研究(设计性实验)

一、实验目的

1. 了解纳米二氧化硅的吸附性能及其影响因素。
2. 熟悉Ag^+的定量分析方法。
3. 掌握吸附曲线的绘制方法。

二、实验原理

纳米SiO_2因具有粒径很小、比表面积很大等优点,具有很强的吸附性能,所以在污染防治、净化方面具有较强的应用前景。因此,纳米SiO_2材料的吸附性能研究一直是人们关注的焦点之一。

纳米SiO_2对Ag^+具有较强的吸附性,在吸附初期有较快的吸附速度,随着吸附时间的延长,吸附速度缓慢降低。这是因为随着吸附的进行,固体界面离子浓度与液相本体离子浓度差减小,对流、扩散与吸附推动力减小。

SiO_2在$AgNO_3$稀溶液中对Ag^+的吸附主要表现为物理吸附,但由于纳米SiO_2表面具有活性基团 $\equiv$Si—OH 等,所以Ag^+与羟基上的质子发生离子交换而进行化学吸附。当温度较低时,随着温度升高,建立吸附平衡所需的时间将快速缩短,当吸附温度升高到一定程度后,吸附速度增加的幅度变缓。

影响吸附的因素有被吸附离子的浓度、吸附时间、吸附温度等。本实验以纳米SiO_2为担载体,考察Ag^+浓度、吸附时间、吸附温度对其负载银的能力的影响,确定最佳吸附条件。

以铁铵矾作指示剂,用NH_4SCN的标准溶液滴定吸附后剩余的Ag^+含量。吸附量计算公式为

$$q=\frac{V(c_0-c_e)}{m}$$

式中,q为纳米SiO_2的吸附量,单位为 mg/g;V为被吸附溶液体积,单位为 L;c_0为吸附前溶液的质量浓度,单位为 mg/L;c_e为平衡浓度,单位为 mg/L;m为纳米SiO_2的用量,单位为 g。

三、仪器与试剂

仪器:容量瓶,电子天平,振荡器,锥形瓶,移液管,吸量管,酸式滴定管。

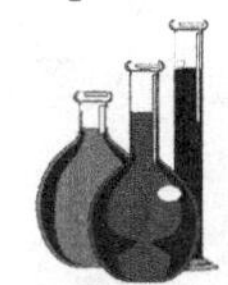

试剂：纳米 SiO_2（实验 38 自制），$AgNO_3$(s)，铁铵矾，NH_4SCN 标准溶液。

四、实验内容

1. 硝酸银标准溶液的配制

配制浓度分别为 200mg/L、400mg/L、600mg/L、800mg/L、1000mg/L、1200mg/L 的 $AgNO_3$ 标准溶液。

2. 硝酸银原始浓度对负载能力的影响

分别取 2.5g 纳米 SiO_2，按实验 38 的方法，吸附上述浓度 $AgNO_3$ 溶液，考察 SiO_2 吸附量与 $AgNO_3$ 溶液原始浓度间的关系。

3. 吸附时间对负载能力的影响

按实验 38 的方法，分别取 2.5g 纳米 SiO_2 加入 250mL 1000mg/L $AgNO_3$ 溶液中，在 40℃各吸附 1h、1.5h、2h、2.5h、3h，考察 SiO_2 吸附量与吸附时间的关系。

4. 吸附温度对负载能力的影响

分别取 2.5g 纳米 SiO_2 加入 250mL 1000mg/L 的 $AgNO_3$ 溶液中，按实验 38 的方法，在 30℃、40℃、50℃、60℃各吸附 2h，考察 SiO_2 吸附量与吸附温度的关系。

五、数据记录与处理

1. 硝酸银原始浓度对负载能力的影响（温度：313K）

硝酸银原始浓度/(mg/L)	吸附时间/min	吸附后的硝酸银浓度/(mg/L)	吸附量/(mg/g)
200	120		
400			
600			
800			
1000			
1200			

利用上述数据绘制 SiO_2 吸附量与 $AgNO_3$ 溶液原始浓度间的关系曲线图。

2. 吸附时间对负载能力的影响（温度：313K）

吸附时间/h	硝酸银原始浓度/(mg/L)	吸附后的硝酸银浓度/(mg/L)	吸附量/(mg/g)
1.0	1000		
1.5			
2.0			
2.5			
3.0			

利用上述数据绘制 SiO_2 吸附量与吸附时间的关系曲线图。

3. 吸附温度对负载能力的影响(时间:2h)

吸附温度/K	硝酸银原始浓度/(mg/L)	吸附后的硝酸银浓度/(mg/L)	吸附量/(mg/g)
303	1000		
313			
323			
333			

利用上述数据绘制 SiO_2 吸附量与吸附温度的关系曲线。

六、评价和讨论

总结自己在实验过程中遇到的问题,通过分析与相关文献的差异得到合理的解决方案。

设计性实验(特别是科学研究型设计实验)也可以按论文形式书写实验报告。论文式实验报告应由摘要、正文、参考文献三部分组成。

摘要主要反映论文的实质内容,概括论文主要内容,体现论文的创新性,展现论文的重要梗概。摘要一般由具体研究的目的、方法、结果、结论四要素组成。

正文是整个论文的核心部分,应包括所进行设计或实验研究的整体内容。主要包括:前言(实验的背景、目的、意义、技术指标或设计要求、研究方案、技术路线与特点)、实验部分(实验设计依据的原理及实验采用的方法、所选用仪器及试剂)、实验数据和结果(实验记录、实验结果及分析、实验结论)、结语(实验评价、讨论、实验体会)四部分组成。

参考文献部分列出实验操作过程中所参考的文章、专著及其他文献。

习题 2

2-1 选择题

1. 某同学在实验报告中有以下数据:①用台秤称取 11.7g 食盐;②用量筒量取 5.26mL HCl 溶液;③用广泛 pH 试纸测得溶液 pH 值是 3.5;④用 NaOH 溶液滴定 HCl 溶液,用去 23.10mL NaOH 溶液,其中合理的数据是 (　　)

A. ①②　　B. ①③　　C. ①④　　D. ②④

2. 下面有关准确度和精密度的描述中,不正确的是 (　　)

A. 准确度是测量值与真实值之间相差的程度,用误差表示

B. 精密度是指在相同条件下多次测量的结果之间互相吻合的程度,用偏差表示

C. 系统误差是测量中误差的主要来源,它影响测定结果的精密度

D. 精密度是衡量准确度的前提,测定结果准确度要高,一定要精密度好

3. 系统误差是由某种固定的原因造成的。下列哪项不是造成系统误差的原因 (　　)

A. 仪器误差　　B. 试剂误差　　C. 操作误差　　D. 试剂用错

4. 能消除测定方法中的系统误差的措施是 (　　)

A. 增加平行测定次数　　B. 称样量在 0.2g 以上

C. 用标准样品进行对照试验　　D. 认真细心地做实验

5. 一同学用分析天平称某物体,下面哪个数据是合理的　（　　）

A. 1.210g　　B. 1.2100g　　C. 1.21000g　　D. 1.21g

6. 下列描述中不正确的一项是　（　　）

A. 某同学用分析天平称出一支钢笔的质量为 25.4573g

B. 在酸碱中和滴定中用去操作溶液 25.30mL

C. 用 10mL 移液管移取 5.00mL 2.00mol/L HAc 溶液

D. 用 10mL 量筒量取浓 H_2SO_4 的体积为 8.19mL

7. 关于 pH 计的读数,下列值中正确的是　（　　）

A. 4　　B. 4.2　　C. 4.27　　D. 4.275

2-2　填空题

1. 系统误差包括________、________、________、操作误差,具有________性和________性,可用改善方法、校正仪器、提纯药品、空白试验、对照试验的方法来减少。偶然误差具有________性,实际分析工作中,需要________,这样可减少偶然误差对分析结果的影响。

2. 用标准 HCl 溶液滴定 NaOH 溶液的浓度时,平行滴定三次,所用的 HCl 溶液的体积分别是 27.34、27.36、27.32mL,分析数据的相对平均偏差为________‰。

3. 在分析过程中,下列情况各造成何种(系统、偶然)误差?

(1)称量过程中天平零点略有变动:________;

(2)分析用试剂中含有微量待测组分:________;

(3)读取滴定管读数时,最后一位数值估测不准:________。

4. 请用正确的有效数字表示下列各式的答案:

(1)0.1234+1.2345+12.34=________;

(2)1.23×0.12=________;

(3)4.30×20.52×3.90/0.001050=________;

(4)pH=2.38,则氢离子浓度 c_{H^+} =________。

5. 精密度高的分析结果,准确度________,但准确度高的分析结果一定需要______。________是保证准确度的先决条件。

6. 在一组测定值中,常会出现个别数据与其他数据偏离较远,这些偏离数值称为________,应根据一定的统计学方法决定其取舍,常用的方法有________法。取得实验数据后,应进行整理、归纳,并以简明的方式表达实验结果。实验数据的表达方式主要有三种:________、________、________。

2-3　简答题

1. 为什么滴定管的初始读数每次最好调至 0.00mL 刻度处呢?

2. 常量滴定管(量程为 25mL)读数时可估读到±0.01mL,分析天平可称准至±0.0001g,若要求滴定的相对误差小于 0.1%,滴定时耗用体积应控制在多少?称量时至少应称取多少试样?

（陈素清编）

第2篇 无机化学实验

第3章 基本操作实验

实验1 仪器的认领、洗涤与干燥和铬酸洗液的配制

一、实验目的

1. 熟悉无机化学实验室的规则和要求。
2. 熟悉常用仪器名称、规格及使用注意事项。
3. 了解玻璃仪器的洗涤原理和方法，学会常用仪器的洗涤和干燥方法。
4. 掌握铬酸洗液的配制方法。

二、实验原理

烧杯、试管、滴定管等玻璃仪器是无机化学实验中必不可少的常用仪器。实验前后对玻璃仪器的洗涤是各种化学实验的必要环节，也是实验能否成功和数据准确与否的关键。

洗涤玻璃仪器首先要选择合适的溶剂，利用洗涤剂与污物间的化学反应或物理化学作用，使污物脱离器壁后与溶剂一起流走，最后用蒸馏水按“少量多次”原则洗涤干净。洁净玻璃仪器的标准是器壁透明且不挂水珠。

三、预习要求

1. 实验室规则和要求、实验室的安全常识(教材 1.1～1.2)。
2. 玻璃仪器的洗涤与干燥方法(二维码 3-1)。

3-1 玻璃仪器的使用及加热操作

四、仪器与试剂

仪器：台秤，烧杯，酒精灯，药匙，量筒，玻棒，毛刷，试剂瓶，容量瓶，试管等。

试剂：$K_2Cr_2O_7$(s)，浓 H_2SO_4，去污粉。

五、实验内容

1. 认领仪器

按表 3-1 仪器设备清单中的仪器数量、规格型号逐个领取仪器，填写仪器认领清单并认识无机实验常用仪器。

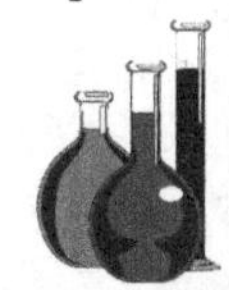

表 3-1　无机实验室仪器设备清单

品名	规格	数量	品名	规格	数量
烧杯	500mL	1	恒温磁力搅拌器(2人合用)		1
	250mL	1	试管架		1
	100mL	2	试管夹		1
	50mL	1	试管刷		1
锥形瓶	250mL	3	药匙		2
离心管	10mL	5	表面皿	9cm	2
试管	小	10	蒸发皿	9cm	1
量筒	100mL	1	坩埚		1
	50mL	1	泥三角		1
	10mL	1	比色瓷板(黑、白)	6孔	2
洗瓶		1	多用滴管		2
研钵		1	玻棒	小	1
升降台		1	坩埚钳		1
电炉(2人合用)		1	石棉网		1
普通水浴锅(2人合用)		1	酒精灯		1
恒温水浴锅(2人合用)		1	玻璃漏斗	6cm	1

2. 铬酸洗液的配制

用台秤称取 5g $K_2Cr_2O_7$ 固体并置于干净的烧杯中，加入 10mL 蒸馏水，加热使 $K_2Cr_2O_7$ 溶解。稍冷后，用量筒量取 90mL 浓 H_2SO_4，在不断搅拌下，将浓 H_2SO_4 沿烧杯壁慢慢地全部加入烧杯中。待冷却至室温后，把配制好的铬酸洗液转移到磨口玻璃瓶中，盖紧瓶盖。

3. 洗涤仪器

用水和去污粉将领取的仪器洗涤干净，将洗净的仪器合理地放入柜内。

[思考题 1]　玻璃仪器洗涤干净的标志是什么？如何检查？

[思考题 2]　对于一些口径小、难以用毛刷刷洗的玻璃仪器应如何洗涤？

用铬酸洗液洗涤容量瓶：先用水洗去容量瓶中的尘土和水溶性污物，然后尽可能倾倒掉残留液，再在容量瓶中加入少量的铬酸洗液，慢慢地转动仪器，使仪器内壁全部浸润(注意不能让洗液流出来)，旋转几周后，把洗液倒回原瓶，最后依次用自来水、蒸馏水冲洗干净。

[思考题 3]　铬酸洗液的去污原理是什么？有什么特点？配制和使用时应注意哪些事项？

[思考题 4]　铬酸洗液用毕为何要倒回原瓶？铬酸洗液失效的标志是什么？失效后加入什么可以继续使用？

[思考题5]　如何洗涤玻璃仪器中残留的不溶性碳酸盐、碱性氧化物？

4. 干燥仪器

用酒精灯烤干两支试管。

[思考题6]　烤干试管时为什么管口略向下倾斜？

[思考题7]　什么样的仪器不能用加热的方法进行干燥？为什么？

（林勇强编）

实验2　溶液的配制

一、实验目的

3-2　溶液的配制微课

1. 学习天平、比重计、移液管、容量瓶的使用方法。

2. 掌握溶液的质量分数、体积分数、摩尔浓度等一般配制方法和基本操作。

二、实验原理

在化学实验以及日常生产中，常常要配制各种溶液来满足不同的要求。根据实验对溶液浓度的准确性要求的不同，可采用不同的仪器进行配制。若准确性要求不高，一般利用台秤、量筒、带刻度烧杯等低准确度的仪器进行粗略配制即可；若对溶液浓度的准确性要求较高，在配制溶液时必须采用准确度较高的分析天平（电子天平）、移液管、容量瓶等仪器进行准确配制。无论是准确配制还是粗略配制，都应计算出所用试剂的用量，包括固体试剂的质量或液体试剂的体积，然后进行配制。

不同浓度溶液的配制方法不同。其主要配制步骤如下。

1. 由固体试剂配制溶液的方法

粗略配制　算出配制一定体积溶液所需固体试剂的质量，用台秤称取所需试剂，倒入带有刻度的烧杯中，加入少量蒸馏水搅动使固体完全溶解，用蒸馏水稀释至刻度线，即得所需的溶液。然后将溶液移入试剂瓶中，贴上标签，备用。

准确配制　先算出配制一定体积准确浓度溶液所需固体试剂的用量，并在电子天平上称出它的准确质量，放在干净烧杯中，加适量蒸馏水使其完全溶解，将溶液转移到容量瓶中，用少量蒸馏水洗涤烧杯两三次，洗液也移入容量瓶中，再加蒸馏水至标线处，盖上塞子，将溶液摇匀即成所需溶液。最后将溶液移入试剂瓶中，贴上标签，备用。

2. 由液体试剂配制溶液的方法

粗略配制　先用比重计测量液体（或浓溶液）试剂的相对密度，从相对密度与质量分数对照表中查出其对应的质量分数，算出配制一定浓度溶液所需液体（或浓溶液）的体积。用量筒量取所需液体（或浓溶液），倒入装有少量水的带刻度烧杯中混合，如果溶液放热，需冷却至室温后再用蒸馏水稀释至刻度，搅拌均匀，即得所需的溶液。最后将溶液移入试剂瓶中，贴上标签，备用。

准确配制　当用较浓的准确浓度的溶液配制较稀准确浓度的溶液时，先计算出所需

要的原溶液的准确体积，然后用处理好的移液管吸取所需溶液后注入给定体积的洁净的容量瓶中，再加蒸馏水至标线处，盖上塞子，将溶液摇匀，即得所需溶液。然后将溶液移入试剂瓶中，贴上标签，备用。

三、预习要求

1. 基本度量仪器的使用方法(二维码 3-3)。

2. 化学试剂的配制方法(二维码 3-4)。

3-3　基本度量仪器及基本操作

3-4　化学试剂与溶液配制

四、仪器与试剂

仪器：台秤，电子天平，称量瓶，比重计，量筒，吸量管，移液管，烧杯，容量瓶，玻棒，药匙等。

试剂：$\varphi=0.95$ 的酒精，浓 H_2SO_4，浓 HCl，2.00mol/L HAc 溶液，NaCl(s)，$NaHCO_3$(s)，KCl(s)，$CaCl_2$(s)，$CuSO_4\cdot 5H_2O$(s)，$H_2C_2O_4\cdot 2H_2O$(s)。

五、实验内容

3-5　移液管和吸量管的使用示范

1. 用 $CuSO_4\cdot 5H_2O$ 晶体粗略配制 50mL 0.1mol/L $CuSO_4$ 溶液

用台秤称量 $CuSO_4\cdot 5H_2O$ 晶体，倒入 100mL 的烧杯中，加入一定量的蒸馏水溶解，再加蒸馏水至 50mL 刻度线，用玻棒搅匀。

[思考题 1]　实验中所用的硫酸铜晶体是带几个结晶水的？在计算试剂用量的时候要注意什么问题？

2. 准确配制 100mL 质量分数为 0.90% NaCl 溶液

在 50mL 烧杯中加入 NaCl 固体，用 20mL 蒸馏水溶解，再用玻棒转移到 100mL 容量瓶中，并洗涤三次，洗涤液一并转入容量瓶中，加蒸馏水至标线处，摇匀，经消毒后即得 0.90% NaCl 溶液。

3. 用浓 H_2SO_4 粗略配制 50mL 3mol/L H_2SO_4 溶液

根据表 3-2 计算所需浓 H_2SO_4 体积，用干燥的 20mL 量筒量取一定体积浓 H_2SO_4，将浓 H_2SO_4 沿玻棒缓缓倒入盛有 20mL 左右蒸馏水的 100mL 烧杯中并不断搅拌，待烧杯冷却后加水至 100mL 刻度线，用玻棒搅匀。

表 3-2　浓 H_2SO_4 的相对密度与质量分数对照表

d_4^{20}	1.8144	1.8195	1.8240	1.8279	1.8312	1.8337	1.8355	1.8364	1.8361
w/%	90	91	92	93	94	95	96	97	98

[思考题 2]　在配制 H_2SO_4 溶液时，烧杯中先加水还是先加浓 H_2SO_4，为什么？

4. 由已知准确浓度为 2.00mol/L HAc 溶液配制 50mL 0.200mol/L HAc 溶液

用移液管或吸量管吸取一定体积 2.00mol/L HAc 溶液，加入 50mL 容量瓶中，用蒸馏水稀释至标线处，摇匀即可。然后将其倒入已贴好标签的试剂瓶中，留作实验 3 用。

[思考题 3] 在吸取溶液前，经自来水、蒸馏水清洗干净的吸量管要不要用操作液荡洗，为什么？

[思考题 4] 配制溶液的容量瓶要不要用被稀释溶液洗涤，为什么？

[思考题 5] 实验中，某同学先将吸取的 2.00mol/L HAc 溶液倒入烧杯稀释，然后转入容量瓶，此操作是否正确？会造成什么后果？

5. 配制 100mL 0.05000mol/L $H_2C_2O_4$ 标准溶液

采用减量法，在电子天平上，使用称量瓶准确称取所需质量的 $H_2C_2O_4 \cdot 2H_2O$ 固体。然后倒入烧杯中，加入少量蒸馏水，搅拌使其完全溶解。将溶液定量转入 100mL 容量瓶中，稀释至标线处，摇匀，得浓度约为 0.05000mol/L 的 $H_2C_2O_4$ 标准溶液。然后将其倒入已贴好标签的试剂瓶中，留作实验 3 用。

[思考题 6] 什么是减量法？哪些类型固体试剂的准确称量要用这种称量方法？

[思考题 7] 什么是标准溶液？什么样的试剂适宜用直接法配制标准溶液？

六、数据记录与处理

实验内容	实验步骤	试剂用量

（林勇强编）

实验 3 酸碱滴定

一、实验目的

3-6 酸碱滴定微课

1. 掌握酸碱滴定的原理。
2. 学习滴定操作，学会正确判断滴定终点。

二、实验原理

酸碱中和反应的实质是

$$H^+ + OH^- \longrightarrow H_2O$$

若某一酸(A)与碱(B)的中和反应为

$$aA + bB \longrightarrow cC + dH_2O$$

当反应达到化学计量点时：

$$\frac{n_A}{n_B}=\frac{a}{b}$$

$$n_A=c_AV_A, n_B=c_BV_B$$

$$c_AV_A=\frac{a}{b}c_BV_B$$

式中，c 为酸（碱）的摩尔浓度，单位为 mol/L；V 为酸（碱）的体积，单位为 mL。如果其中任一溶液的浓度已确定，则另一溶液的浓度可求出。

酸碱滴定在反应完成点的附近，有一定 pH 突跃范围，通常可选择用甲基橙、甲基红、中性红、酚酞等作指示剂指示终点。本实验以酚酞为指示剂，用 NaOH 溶液分别滴定 $H_2C_2O_4$ 溶液和 HAc 溶液，当指示剂由无色变为淡粉红色时，即表示已达到终点。由上面计算公式可求出酸或碱的浓度。

三、预习要求

1. 滴定管、移液管的使用及滴定基本操作（二维码 3-3、二维码 3-7）。
2. 酸碱滴定的原理及指示剂的选择。

3-7 滴定管的使用示范

四、仪器与试剂

仪器：碱式滴定管，移液管，锥形瓶，滴定台，洗瓶，洗耳球。

试剂：0.05000mol/L $H_2C_2O_4$ 标准溶液（准确浓度已知），0.1mol/L HAc 溶液（浓度待标定），0.1mol/L NaOH 溶液（浓度待标定），1% 酚酞溶液。

五、实验内容

1. NaOH 溶液浓度的标定

取 1 支洁净的碱式滴定管，试漏后，用蒸馏水淋洗 3 次。然后用 0.1mol/L NaOH 溶液荡洗 3 次（每次 5～10mL），洗液从滴定管两端分别流出弃去。装满滴定管，赶出滴定管下端气泡。调节滴定管内溶液的弯月面最低处与“0”刻度相切。

将已洗净的 25mL 移液管用 0.05000mol/L $H_2C_2O_4$ 标准溶液荡洗 3 次（每次用 5～6mL），准确移取 25.00mL 的 $H_2C_2O_4$ 标准溶液于 250mL 锥形瓶中。加入 1～2 滴酚酞指示剂，用已经准备好的 0.1mol/L NaOH 溶液进行滴定。待接近终点时，用洗瓶淋洗锥形瓶内壁，再继续滴定，直至溶液在加入半滴 NaOH 溶液后变为明显的淡粉红色，在 30s 内不褪，为滴定终点。取下滴定管，记录所消耗的 NaOH 溶液的体积。终读数和初读数之差，即为中和 $H_2C_2O_4$ 所消耗掉的 NaOH 溶液体积。

[思考题 1] 滴定时，指示剂用量为什么不能太多？用量与什么因素有关？

[思考题 2] 滴定管为什么要用操作液荡洗 3 遍？锥形瓶是否要用待装溶液荡洗？是否应烘干？

重新装满溶液（每次滴定最好从滴定管的相同部分开始），按上法再滴定 2 次，计算 NaOH 溶液的浓度。3 次测定结果的相对平均偏差应小于±0.2%，否则应重做。

[思考题 3] 50mL 的滴定管，当第 1 次实验用去 20mL，第 2 次滴定为什么必须添加标准溶液至“0”刻度，而不可继续使用余下的部分溶液进行滴定？

2. HAc 溶液浓度的测定

用上面已测定浓度的 NaOH 溶液，按上法测定 HAc 溶液的浓度，重复测定 3 次。3 次测定结果的相对平均偏差也应小于±0.2%。

[思考题 4] 如果取 10.00mL HAc 溶液，用 NaOH 溶液测定其浓度，所得的结果与取 25.00mL HAc 溶液相比，哪一个误差大？

[思考题 5] 分别用 NaOH 溶液滴定 $H_2C_2O_4$ 溶液和 HAc 溶液，当达到化学计量点时，溶液 pH 值是否相同？

六、数据记录与处理

1. NaOH 溶液浓度的标定

测定序号		1	2	3
$H_2C_2O_4$ 标准溶液的浓度/(mol/L)				
$H_2C_2O_4$ 标准溶液的净用量/mL		25.00	25.00	25.00
NaOH 溶液的用量/mL	初读数			
	终读数			
	净用量			
NaOH 溶液的浓度/(mol/L)	测定值			
	平均值			
相对平均偏差				

2. HAc 溶液浓度的测定

测定序号		1	2	3
NaOH 溶液的浓度/(mol/L)				
NaOH 溶液的用量/mL	初读数			
	终读数			
	净用量			
HAc 溶液的净用量/mL		25.00	25.00	25.00
HAc 溶液的浓度/(mol/L)	测定值			
	平均值			
相对平均偏差				

（林勇强编）

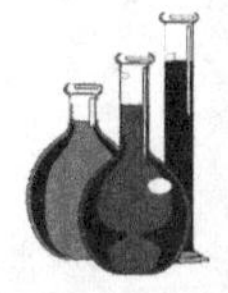

实验4　氯气、次氯酸钠、氯酸钾的制备及性质

一、实验目的

3-8　氯气、次氯酸钠、氯酸钾微课

1. 掌握氯酸盐、氯气、次氯酸钠的制备方法。
2. 掌握气体发生的方法和仪器的安装。
3. 学习氯酸钾、氯气、次氯酸钠的氧化还原性质。

二、实验原理

实验室通常采用固体 MnO_2 与浓 HCl 反应制取 Cl_2，然后将 Cl_2 通入热浓 KOH 溶液中制备 $KClO_3$，再将 Cl_2 通入稀冷 NaOH 溶液中制备 NaClO。其反应如下：

$$MnO_2 + 4HCl(浓) \longrightarrow MnCl_2 + Cl_2\uparrow + 2H_2O$$

$$6KOH + 3Cl_2 \xrightarrow{\triangle} KClO_3 + 5KCl + 3H_2O$$

$$2NaOH + Cl_2 \longrightarrow NaCl + NaClO + H_2O$$

Cl_2 有剧毒，在制备和使用时，须在通风橱内进行，室内也要通风。制备过程中产生的多余 Cl_2 必须通过吸收装置吸收，可采用 NaOH 或 $Na_2S_2O_3$ 吸收，以防止 Cl_2 逸散到室内，其反应如下：

$$Na_2S_2O_3 + 4Cl_2 + 5H_2O \longrightarrow 2H_2SO_4 + 2NaCl + 6HCl$$

三、预习要求

3-9　气体的发生、净化、干燥与收集

1. 气体的发生和收集(二维码 3-9)。
2. 氯气、氯酸钾、次氯酸钠的安全操作。
3. 卤素及其化合物的制备与性质。

四、仪器与试剂

仪器：铁架台，石棉网，三角架，蒸馏烧瓶，烧杯，试管，大试管，滴液漏斗，滴管，表面皿，温度计，煤气灯(或酒精灯)，T 形管，自由夹。

试剂：3.0mol/L H_2SO_4 溶液，浓 HCl，2mol/L NaOH 溶液，30% KOH 溶液，0.5mol/L $Na_2S_2O_3$ 溶液，0.1mol/L $MnSO_4$ 溶液，0.1mol/L KI 溶液，0.01mol/L KI 溶液，0.1mol/L KBr 溶液，CCl_4，MnO_2(s)，品红溶液。

材料：玻璃管，浸过 $Na_2S_2O_3$ 溶液的棉花，橡皮管，淀粉-碘化钾试纸。

五、实验内容

1. 氯气、次氯酸钠、氯酸钾的制备

实验装置见图 3-1。蒸馏烧瓶中装有 15.0g MnO_2，滴液漏斗中装有 30mL 浓 HCl。试管 A 中装有 15mL 30% KOH 溶液，插入装有热水的烧杯中，温度保持在 70～80℃。试管 B 中装有 15mL 2mol/L NaOH 溶液，插入装有冰水的烧杯中。烧杯 C 中装有 2mol/L NaOH溶液，以吸收多余的氯气，烧杯上方覆盖浸过 $Na_2S_2O_3$ 溶液的纱布或棉花。

[思考题1]　如果实验室没有 MnO_2，可改用哪些药品代替 MnO_2？

[思考题2]　在烧杯 C 上方覆盖浸过 $Na_2S_2O_3$ 溶液的纱布或棉花起什么作用？

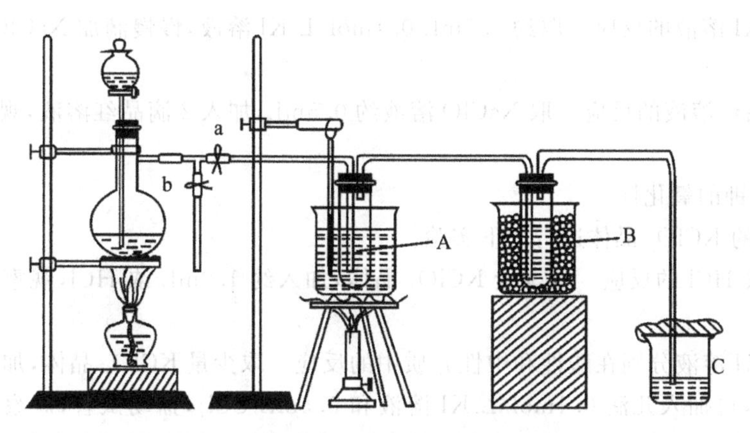

图 3-1 氯气、次氯酸钠、氯酸钾的制备

检查装置气密性，在确保系统严密后，旋开滴液漏斗旋塞，点燃酒精灯，让浓 HCl 缓慢而均匀地滴入蒸馏烧瓶中。反应生成的氯气均匀地通过 A、B、C，当试管 A 中碱液先呈黄色，进而出现大量小气泡，溶液由黄色转变为无色时，停止加热氯气发生器。待反应停止后，向蒸馏烧瓶中注入大量水，然后拆除装置，回收废液。冷却试管 A 中的溶液，析出氯酸钾晶体，过滤，用少量冷水洗涤晶体 2 次，用倾析法倾去溶液。把晶体移至表面皿上，放在水浴上烘干。

[思考题 3] 如何检查装置气密性？

[思考题 4] 为什么 A 管中先呈黄色？为什么溶液由黄色转变为无色时，即停止加热？

2. 氯气的氧化性

用烧杯 C 内的氯水进行如下实验。

(1)与 KBr 溶液反应　在 1 支小试管中加入 3 滴 0.1mol/L KBr 溶液，5 滴 CCl_4，再滴加氯水，边滴加边振荡，CCl_4 层呈现橙色或橙红色。

(2)与 KI 溶液反应　在 1 支小试管中加入 3 滴 0.1mol/L KI 溶液，5 滴 CCl_4，再滴加氯水，边滴加边振荡，CCl_4 层呈现紫红色。

(3)与 KBr、KI 溶液反应顺序　在试管中加入 1.0mL 0.1mol/L KBr 溶液和 1 滴 0.01mol/L KI 溶液，再加入 0.5mL CCl_4，逐滴加氯水，每加 1 滴氯水，振荡一次试管，仔细观察 CCl_4 层先后出现的不同颜色。

[思考题 5] 用淀粉-碘化钾试纸检验氯气时，试纸先呈蓝色，当在氯气中放置时间较长时，蓝色褪去。为什么？

3. 次氯酸钠的氧化性

用试管 B 内的溶液(NaClO)分别进行如下实验。

(1)与浓 HCl 的反应　取 NaClO 溶液约 0.5mL，加入浓 HCl 约 0.5mL，观察氯气的产生。

(2)与 $MnSO_4$ 溶液的反应　取 NaClO 溶液约 1.0mL，加入 4～5 滴 0.1mol/L $MnSO_4$溶液，观察棕色 $Mn(OH)_2$ 沉淀生成。

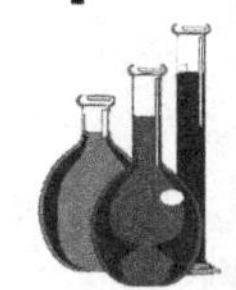

(3)与 KI 溶液的反应　取约 0.5mL 0.1mol/L KI 溶液，慢慢滴加 NaClO 溶液，观察 I_2 的生成。

(4)与品红溶液的反应　取 NaClO 溶液约 0.5mL，加入 2 滴品红溶液，观察品红溶液褪色。

4. 氯酸钾的氧化性

用自制的 $KClO_3$ 晶体进行如下实验。

(1)与浓 HCl 的反应　取少量 $KClO_3$ 晶体，加入约 1.0mL 浓 HCl，观察产生的气体的颜色。

(2)与 KI 溶液分别在酸性和中性介质中的反应　取少量 $KClO_3$ 晶体，加入约 1.0mL 水使之溶解，再加入几滴 0.1mol/L KI 溶液和 0.5mL CCl_4，摇动试管，观察水溶液层和 CCl_4 层颜色有何变化。再加入 3mol/L H_2SO_4 酸化，摇动试管，再观察有何变化。

[思考题 6]　如何区别 NaClO 溶液和 $KClO_3$ 溶液？本实验中哪些实验可以比较 NaClO 和 $KClO_3$ 的氧化性？

六、数据记录与处理

1. 氯气、次氯酸钠、氯酸钾的制备

编号	实验现象	产品外观	反应式
A			
B			
C			

2. 氯气的氧化性

编号	实验内容	实验现象	结论及反应式
(1)	加入 KBr 溶液		
(2)	加入 KI 溶液		
(3)	加入 KBr 和 KI 溶液		

3. 次氯酸钠的氧化性

编号	实验内容	实验现象	结论及反应式
(1)	加入浓 HCl		
(2)	加入 $MnSO_4$ 溶液		
(3)	加入 KI 溶液		
(4)	加入品红溶液		

4. 氯酸钾的氧化性

编号	实验内容	现象	结论及反应式
(1)	加入 HCl 溶液		
(2)	加入 KI 溶液		

(林勇强编)

实验 5　粗盐的提纯及产品纯度的检验

一、实验目的

3-10　粗盐的提纯微课

1. 学习提纯食盐的原理和方法。
2. 练习台秤的使用，掌握溶解、过滤、蒸发、浓缩、结晶、干燥等基本操作。
3. 学习食盐中 Ca^{2+}、Mg^{2+}、SO_4^{2-} 的定性检验方法。

二、实验原理

粗盐中的不溶性杂质(如泥沙等)可通过溶解和过滤的方法除去。粗盐中的可溶性杂质主要是 Ca^{2+}、Mg^{2+}、K^+ 和 SO_4^{2-} 等，可选择适当的试剂使它们生成难溶化合物沉淀而被除去，但所选沉淀剂应符合不引进新的杂质或引进的杂质能够在下一步操作中除去的原则。

粗盐溶液中的 SO_4^{2-} 可通过加入过量的 $BaCl_2$ 溶液生成 $BaSO_4$ 沉淀除去。

$$Ba^{2+} + SO_4^{2-} \longrightarrow BaSO_4 \downarrow$$

粗盐溶液中的 Mg^{2+}、Ca^{2+} 和沉淀 SO_4^{2-} 时加入的过量 Ba^{2+} 可通过加入过量的 $NaOH$ 和 Na_2CO_3 溶液除去，溶液中过量的 $NaOH$ 和 Na_2CO_3 可以用 HCl 溶液中和除去。

$$Mg^{2+} + 2OH^- \longrightarrow Mg(OH)_2 \downarrow$$

$$Ca^{2+} + CO_3^{2-} \longrightarrow CaCO_3 \downarrow$$

$$Ba^{2+} + CO_3^{2-} \longrightarrow BaCO_3 \downarrow$$

粗盐中的 K^+ 和上述沉淀剂都不起作用。由于 KCl 的溶解度大于 $NaCl$ 的溶解度，且含量较少，因此在蒸发和浓缩过程中，$NaCl$ 先结晶出来，而 KCl 则留在溶液中。

三、预习要求

1. 提纯食盐的原理和方法。
2. Ca^{2+}、Mg^{2+} 和 SO_4^{2-} 的鉴定。
3. 溶解、过滤、蒸发、浓缩、结晶、干燥等基本操作(二维码 3-11、二维码 3-12)。

3-11　固液分离技术

3-12　减压过滤示范

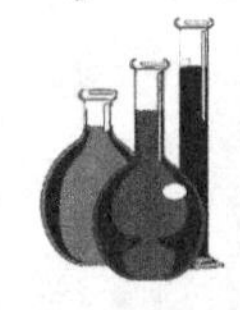

四、仪器与试剂

仪器：台秤，烧杯，量筒，漏斗，铁架台，布氏漏斗，抽滤瓶，蒸发皿，石棉网，电炉，药匙，泥三角，循环水真空泵。

试剂：粗盐(s)，6mol/L HCl溶液，6mol/L HAc溶液，6mol/L NaOH溶液，1mol/L $BaCl_2$溶液，饱和Na_2CO_3溶液，饱和$(NH_4)_2C_2O_4$溶液，镁试剂。

材料：滤纸，pH试纸。

五、实验内容

1. 粗盐的提纯

在台秤上称取8.0g粗盐，放在100mL烧杯中，加入30mL水，搅拌并加热使其溶解。当溶液沸腾时，在搅拌下逐滴加入1mol/L $BaCl_2$溶液至沉淀完全(约2mL)。继续加热5min，使$BaSO_4$的颗粒长大而易于沉淀和过滤。为了检测沉淀是否完全，可将烧杯从石棉网上取下，待沉淀沉降后，沿烧杯内壁在上层清液中再加几滴1mol/L $BaCl_2$溶液，观察是否出现浑浊。如无沉淀，则用普通漏斗过滤。

[思考题1] *加入30mL水溶解8.0g食盐的依据是什么？加水过多或过少有什么影响？*

在滤液中加入1mL 6mol/L NaOH溶液及2mL饱和Na_2CO_3溶液，加热至沸，待沉淀沉降后，在上层清液中滴加Na_2CO_3溶液，检查有无沉淀生成。如不再产生沉淀，用普通漏斗过滤。

[思考题2] *为什么要先加$BaCl_2$溶液后加入Na_2CO_3溶液？能否改变顺序？上述两步过滤能否合并进行？*

在滤液中逐滴加入6mol/L HCl溶液，直至溶液呈弱酸性为止(pH为3～4)。将滤液倒入蒸发皿中，用小火加热蒸发，浓缩至稀粥状的稠液为止，切不可将溶液蒸干。冷却后，用布氏漏斗过滤，尽量抽干。将产品放入蒸发皿中，小火加热干燥，直至不冒水蒸气为止。将精盐冷却至室温，称重，放入指定容器中。计算产率。

[思考题3] *为什么蒸发前要将溶液的pH值调至3～4？*

[思考题4] *提纯后的食盐溶液浓缩时为什么不能蒸干？*

2. 产品纯度的检验

取粗盐和精盐各1g，分别溶于5mL蒸馏水中，将粗盐溶液过滤。将这两种澄清溶液分别盛于三支小试管中，分成三组，对照检验它们的纯度。

(1)SO_4^{2-}的检验　在第1组溶液中分别加入2滴6mol/L HCl溶液，使溶液呈酸性，再加入3～5滴1mol/L $BaCl_2$溶液，如有白色沉淀，证明存在SO_4^{2-}。

[思考题5] *检验SO_4^{2-}时，为什么要加入HCl溶液？*

(2)Ca^{2+}的检验　在第2组溶液中分别加入2滴6mol/L HAc溶液，使溶液呈酸性，再加入3～5滴饱和$(NH_4)_2C_2O_4$溶液。如有白色CaC_2O_4沉淀生成，证明有Ca^{2+}存在。

(3)Mg^{2+}的检验　在第3组溶液中分别加入3～5滴6mol/L NaOH溶液，使溶液呈碱性，再加入1滴镁试剂[一种有机染料，在碱性溶液中呈红色或紫色，但被$Mg(OH)_2$沉淀吸附后，则呈天蓝色]。若有天蓝色沉淀生成，证明有Mg^{2+}存在。

六、数据记录与处理

1. 粗盐的提纯

产品外观：(1) 粗盐__________；(2) 精盐__________

产品质量：__________g；产率：__________

2. 产品纯度的检验

编号	实验内容	实验现象		结论与反应式
		粗盐	精盐	
(1)	加入 $BaCl_2$ 溶液			
(2)	加入 $(NH_4)_2C_2O_4$ 溶液			
(3)	加入 NaOH 溶液和镁试剂			

（林勇强编）

第4章 基本原理及常数测定实验

实验6 摩尔气体常数的测定

一、实验目的

1. 了解天平的基本构造、性能及使用规则。
2. 练习测量气体体积的操作。
3. 掌握理想气体状态方程和分压定律的应用。

二、实验原理

理想气体状态方程式可表示为

$$pV=nRT$$

上式表示一定量的理想气体的压强(p)和体积(V)的乘积与气体的物质的量(n)和绝对温度(T)的乘积之比为一常数,即摩尔气体常数(R)。

因此,对一定量的气体,若能在一定的温度和压力条件下,测出其所占体积,按下式即可求出摩尔气体常数 R。

$$R=\frac{pV}{nT}$$

本实验是采用铝与盐酸反应产生的氢气来测定摩尔气体常数 R。铝与盐酸发生如下反应:

$$2Al+6HCl \longrightarrow 2AlCl_3+3H_2\uparrow$$

所生成的氢气被近似地认为在实验条件下的理想气体,可用排水集气法收集气体并测量其体积 V_{H_2};氢气的物质的量 n_{H_2} 可由铝片的重量算出;由于氢气是在水面上收集的,故氢气的分压 p_{H_2} 与水的饱和蒸气压 p_{H_2O} 有关,根据分压定律得

$$p=p_{H_2}+p_{H_2O}$$

则

$$p_{H_2}=p-p_{H_2O}$$

式中,p 为大气压,可由气压计读出。

由于 p_{H_2}、V_{H_2}、n_{H_2}、T 均可由实验测得,这样根据式 $R=\frac{pV}{nT}$ 可求得摩尔气体常数 R。

三、预习要求

1. 氢气的制备、收集(二维码 3-9)。
2. 理想气体状态方程和分压定律。
3. 电子天平、气压计的基本操作(二维码 3-3)。

四、仪器与试剂

仪器：电子天平，气压计，精密温度计，长颈漏斗，量气管，试管，胶管，漏斗，量筒。

试剂：6mol/L HCl 溶液，铝片(s)。

五、实验内容

1. 称量铝片

取一小片铝，擦去表面氧化膜，在电子天平上称重，其重量必须为 20～30mg(铝片不要过重，以免产生的氢气的体积超过量气管的测量限度)，记录铝片的质量。

2. 装置安装及装置气密性的检查

按图 4-1 所示把仪器装好。打开试管 3 的塞子，由漏斗 2 往量气管 1 内装水至略低于“0”刻度位置，上下移动漏斗以赶净胶管和量气管内壁的气泡，然后将试管的塞子塞紧。

将漏斗向上或向下移动一段距离，使漏斗中水面低于或高于量气管中的水面。固定漏斗位置，量气管内液面只在开始时上升或下降以后，随即维持恒定，则说明装置气密性良好；若量气管内液面有明显的上升和下降，则说明漏气，应检查各连接处是否接好，重复操作直至不漏气为止。

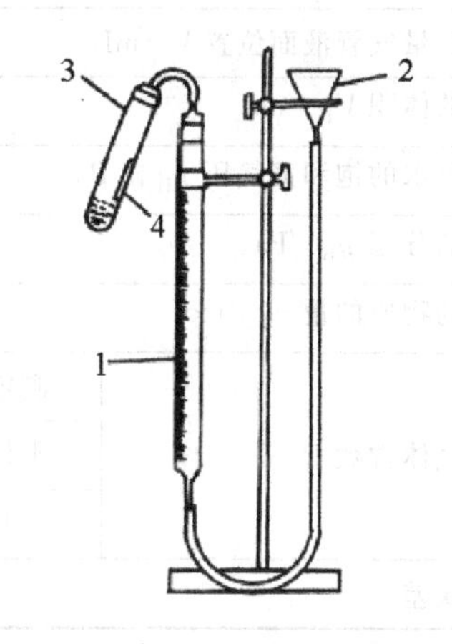

图 4-1　摩尔气体常数测定装置

3. 铝片及盐酸的装入

取下试管，调整漏斗高度，使量气管水面略低于“0”刻度，然后用一小滴甘油将铝片粘在试管内壁上部，用量筒量取 5mL 6mol/L HCl 溶液，把长颈漏斗插入试管中，将 HCl 溶液由漏斗加入试管，尽量避免 HCl 溶液沾在试管上，与铝片作用。

4. 氢气体积的测量

取出漏斗，装好试管，再检查装置是否漏气。如不漏气，调整漏斗的高度，使量气管内水面与漏斗内水面在同一水平面上，并稳定在“0”刻度附近，记录此时的量气管液面刻度读数 V_1。

[思考题 1]　*为什么必须检查实验装置是否漏气？实验中曾两次检查实验装置是否漏气，哪次相对来说更重要？*

轻轻振荡试管(但不要将其取下)，使铝片落入 HCl 溶液中，由于铝片与 HCl 反应放出 H_2(如没有反应，可稍微加热)产生压力，会使量气管的液面不断下降。随着反应进行，要随时将漏斗慢慢向下移动，使量气管内液面和漏斗中液面基本在同一平面上，以防止量气管中气体压力过高，而使气体漏出。反应停止后，待试管冷却到室温，移动漏斗，调节水面与量气管水面在同一水平面上，读取此时的量气管液面刻度读数 V_2。2min 后，再记录一次液面位置，如两者相差太大，需重复操作，直至两次记录数据相差不超过 0.01mL。

[思考题 2]　*在读取量气管液面刻度时，为什么要使漏斗和量气管两个液面在同一水平面上？*

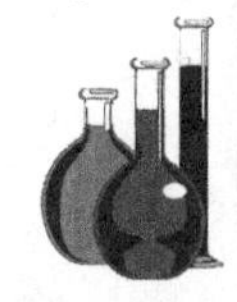

［思考题3］ $V_{H_2}=V_2-V_1$ 成立的条件是什么？

［思考题4］ 造成本实验误差的原因是什么？哪几步是关键操作？

六、数据记录与处理

室温：__________；大气压：__________

测定序号		1	2
铝片质量 m/g			
反应前量气管液面位置 V_1/mL			
反应后量气管液面位置 V_2/mL			
氢气的体积 V_{H_2}/mL			
室温时水的饱和蒸气压 p_{H_2O}/Pa			
氢气的分压 p_{H_2}/Pa			
氢气的物质的量 n_{H_2}/mol			
摩尔气体常数 R	测定值		
	平均值		
	文献值	8.31	
相对误差/%			

（林勇强编）

实验7 五水硫酸铜结晶水的测定

一、实验目的

4-1 五水硫酸铜微课

1. 了解无机结晶水合物中结晶水含量的测定原理和方法。
2. 掌握研钵、干燥器等仪器的使用和沙浴加热、恒重等基本操作。

二、实验原理

结晶水合物受热到一定温度时，可以脱去结晶水的一部分或全部。因此，对于经过加热能脱去结晶水又不会发生分解的结晶水合物中结晶水的测定，通常是把一定量的结晶水合物置于已灼烧至恒重的坩埚中，加热至较高温度后脱水，然后把坩埚移入干燥器中，冷却至室温后取出称重。由结晶水合物经高温加热后的失重值，可算出该结晶水合物所含结晶水的质量分数，以及每摩尔该盐所含结晶水的数目，从而可确定结晶水合物的化学式。

$CuSO_4\cdot 5H_2O$ 晶体是一种蓝色晶体，在不同温度下按下列反应逐步脱水：

$$CuSO_4\cdot 5H_2O \xrightarrow{48℃} CuSO_4\cdot 3H_2O+2H_2O$$

$$CuSO_4\cdot 3H_2O \xrightarrow{99℃} CuSO_4\cdot H_2O+2H_2O$$

$$CuSO_4 \cdot H_2O \xrightarrow{218℃} CuSO_4 + H_2O$$

本实验将已知质量的 $CuSO_4 \cdot 5H_2O$ 晶体加热，除去所有结晶水后称量，从而计算出化学式中结晶水的数目。

三、预习要求

1. 天平的使用(二维码 3-3)。

2. 加热方式(二维码 3-1)。

3. 研钵、干燥器等仪器的使用(二维码 3-11)。

4. $CuSO_4 \cdot 5H_2O$ 的性质及结晶水含量的测定原理和方法。

四、仪器与试剂

仪器：坩埚，泥三角，干燥器，铁架台，铁圈，沙浴，温度计(300℃)，研钵，酒精喷灯，台秤，电子天平。

试剂：$CuSO_4 \cdot 5H_2O$ (s)。

材料：滤纸，沙子。

4-2 差量法称量示范

五、实验内容

1. 恒重坩埚

将坩埚及坩埚盖洗干净，置于泥三角上，小火烘干后，灼烧至红热，再冷至略高于室温。用干净的坩埚钳将其移入干燥器中，冷却至室温(注意：热坩埚放入干燥器后，一定要在短时间内将干燥器盖子打开一两次，以免因干燥器内压力升高，将盖子顶起滑落)。取出坩埚，用电子天平称量。重复加热至脱水温度以上、冷却、称量，直至恒重。

[思考题 1] *为什么加热后的坩埚一定要将移入干燥器中冷却至室温后才能称量？*

2. 称量水合硫酸铜及沙浴的准备

在已恒重的坩埚中加入 1.0～1.2g 研细的 $CuSO_4 \cdot 5H_2O$ 晶体，铺均匀，再用电子天平称量。将已称量的内装有 $CuSO_4 \cdot 5H_2O$ 晶体的坩埚置于沙浴中，将其四分之三体积埋入沙内。在靠近坩埚的沙浴中插入一支温度计(300℃)，其末端应与坩埚底部大致处于同一水平。

[思考题 2] *如果实验室没有沙浴，可否采用电阻炉或马弗炉？油浴能代替沙浴吗？*

3. 水合硫酸铜脱水

加热沙浴至约 210℃，再慢慢升温至 280℃左右，控制沙浴温度在 260～280℃，当粉末由蓝色全部变为灰白色时停止加热(需 15～20min)。用干净的坩埚钳将坩埚移入干燥器，冷至室温，用干净滤纸碎片将坩埚外部擦干净，在电子天平上称量。记下数据。

[思考题 3] *在水合硫酸铜结晶水测定中，为什么用沙浴加热并控制温度在 280℃左右？*

重复沙浴加热、冷却、称量，如两次称量值之差≤1mg，按本实验要求可认为 $CuSO_4$ 已经“恒重”。否则应重复以上操作，直至符合要求。实验后将 $CuSO_4$ 倒入回收瓶中。

[思考题 4] *为什么要进行重复的灼烧操作？什么叫恒重？其作用是什么？*

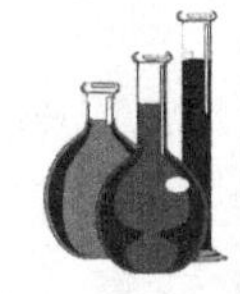

六、数据记录与处理

项目	第1次称量	第2次称量	平均值
空坩埚质量/g			
(坩埚$+CuSO_4 \cdot 5H_2O$)质量/g			
$CuSO_4 \cdot 5H_2O$ 质量 m_1/g			
(坩埚$+CuSO_4$)质量/g			
$CuSO_4$ 质量 m_2/g			
结晶水质量 m_3/g			
$CuSO_4 \cdot 5H_2O$ 物质的量 $n_1(=m_1/249.7)$/mol			
$CuSO_4$ 物质的量 $n_2(=m_2/159.6)$/mol			
结晶水物质的量 $n_3(=m_3/18.0)$/mol			
1mol $CuSO_4$ 结合的结晶水数目($=n_3/n_2$)			
水合硫酸铜的化学式			

(林勇强编)

实验8 二氧化碳相对分子质量的测定

一、实验目的

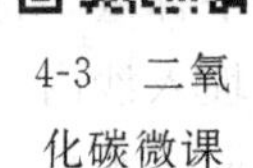

4-3 二氧化碳微课

1. 掌握用气体相对密度法测定相对分子质量的原理和方法。
2. 加深对理想气体状态方程和阿伏伽德罗定律的理解。
3. 掌握启普发生器的使用方法，掌握气体的发生、净化和干燥的基本操作。
4. 学会使用气压计。

二、实验原理

根据阿伏伽德罗定律，在同温、同压下，同体积的任何气体含有相同数目的分子。因此，在同温同压下，同体积的两种气体的质量之比等于其摩尔质量之比。

$$\frac{m_A}{m_B}=\frac{M_A}{M_B}$$

式中，m_A、m_B 分别代表A、B两种气体的质量；M_A、M_B 分别代表A、B两种气体的摩尔质量。因此，只要在相同温度、压力下，测定相同体积的两种气体的质量，其中一种气体的相对分子质量已知，即可求出另一种气体的相对分子质量。

若将 CO_2 与空气均看作理想气体，已知空气的平均相对分子质量为29.0，那么只要测得相同体积的 CO_2 与空气在一定温度、压力下的质量，就可根据上式求出 CO_2 的摩尔质量。即

$$M_{CO_2}=\frac{m_{CO_2}}{m_{空气}}\times 29.0$$

式中，体积为 V 的 CO_2 的质量(m_{CO_2})可直接从电子天平上称出；同体积空气的质量($m_{空气}$)可根据实验时测得的大气压(p)和温度(T)，利用理想气体状态方程式计算得到。

三、预习要求

1. 启普气体发生器的安装和使用方法。
2. 气体的发生、净化、干燥和收集(二维码 3-9)。
3. 气压计的使用(二维码 3-3)。
4. 理想气体状态方程和阿伏伽德罗定律。

四、仪器与试剂

仪器：电子天平，台秤，启普气体发生器，洗气瓶，干燥管，碘量瓶，温度计，气压计。

试剂：石灰石(s)，无水 $CaCl_2$(s)，6.0mol/L HCl 溶液，1.0mol/L $NaHCO_3$ 溶液，1.0mol/L $CuSO_4$ 溶液。

材料：玻璃棉，玻璃管，橡皮管，吸水纸。

五、实验内容

1. 二氧化碳的制备

按图 4-2 所示装配好制取 CO_2 的实验装置。因石灰石中含有硫，所以 CO_2 气体中通常含有 H_2S、酸雾、水汽等杂质，可通过洗气瓶 2 中的 $CuSO_4$ 溶液、洗气瓶 3 中的$NaHCO_3$溶液，以及干燥管 4 中的无水 $CaCl_2$ 除去，使导出的气体为干燥纯净的 CO_2 气体。

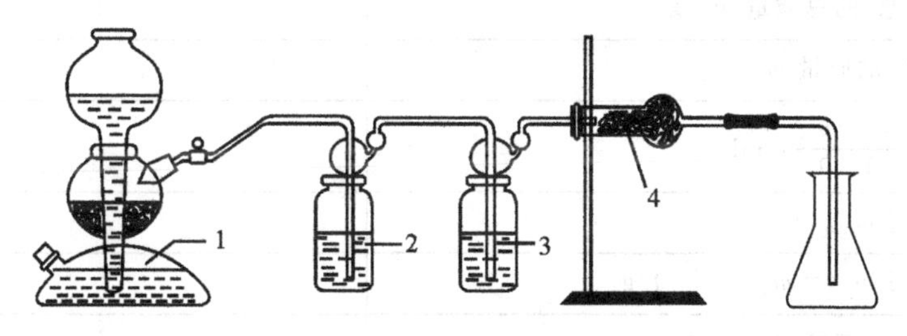

1—启普发生器；2—洗气瓶($CuSO_4$ 溶液)；3—洗气瓶($NaHCO_3$ 溶液)；4—干燥管(无水 $CaCl_2$)

图 4-2 二氧化碳制取实验装置

仪器经气密性检查证明不漏气后，通过气体出口加入石灰石，液体从球形漏斗中加入，通过调节导气管上的旋塞控制气体的发生、停止和流速。

[思考题 1] 如何检查装置的气密性？

[思考题 2] 反应过程中发生器中酸液浓度会下降，如何更换酸液？需要更换和添加固体时，如何更换和添加？

2. 称量

取一干燥、洁净的碘量瓶，用电子天平称量至 0.1mg，此质量即为(空气＋瓶＋瓶塞)的质量，记为 m_A。

在启普气体发生器中产生 CO_2 的气体，经过净化、干燥后导入碘量瓶中。由于 CO_2

气体略重于空气，所以必须把导气管插入瓶底。等4～5min后，轻轻取出导气管，用塞子塞住瓶口，在电子天平上称重，此质量即为(CO_2＋瓶＋瓶塞)的总质量，记为m_B。重复通CO_2气体和称量的操作，直到前后两次称量的质量相符为止(两次质量可相差1～2mg)。

在碘量瓶内装满水，塞好塞子，用吸水纸擦干碘量瓶外壁的水珠，在台秤上称量至0.1g，此质量即为(水＋瓶＋瓶塞)的质量，记为m_C。

通过温度计和气压计记录室温和大气压。

[思考题3] 为什么(CO_2＋瓶＋瓶塞)的总质量要在电子天平上称量，而(水＋瓶＋瓶塞)的质量可以在台秤上称量？两者的要求有何不同？

[思考题4] 能用气体相对密度法测定相对分子质量的气体要符合什么要求？哪些物质可用此法测定相对分子质量？哪些不可以？为什么？

[思考题5] 本实验中，对CO_2相对分子质量测定结果影响最大的是哪一个步骤？实验时应注意什么问题？

六、数据记录与处理

室温：＿＿＿＿＿＿＿＿；大气压：＿＿＿＿＿＿＿＿

项目	数据记录与处理
(空气＋瓶＋瓶塞)的质量 m_A/g	
第一次(CO_2＋瓶＋瓶塞)的总质量 m_{B1}/g	
第二次(CO_2＋瓶＋瓶塞)的总质量 m_{B2}/g	
(CO_2＋瓶＋瓶塞)的总质量 m_B/g	
(水＋瓶＋瓶塞)的质量 m_C/g	
瓶的容积 $V(=\frac{m_C-m_A}{1.00})$/mL	
瓶内空气的质量 $m_{空气}$/g	
瓶和瓶塞的质量 $m_D(=m_A-m_{空气})$/g	
CO_2的质量 $m_{CO_2}(=m_B-m_D)$/g	
CO_2的摩尔质量 M_{CO_2}/(g/mol)	
误差	

(林勇强编)

实验9　H_2O_2分解摩尔反应焓的测定

一、实验目的

1. 用简易量热计测定H_2O_2稀溶液的摩尔反应焓。
2. 了解测定反应热效应的一般原理和方法。

3. 学习温度计、秒表的使用和简单的作图方法。

二、实验原理

H_2O_2 浓溶液在温度高于 150℃或混入具有催化活性的 Fe^{2+}、Cr^{3+} 等变价金属离子时，会发生爆炸性分解，其反应式如下：

$$2H_2O_2(l) \longrightarrow 2H_2O(l) + O_2(g)$$

但在常温下，当溶液中没有这些杂质离子时，H_2O_2 相当稳定。对于 H_2O_2 稀溶液，升高温度或加入催化剂都不会引起爆炸性分解，其分解过程相对温和，反应进行得比较彻底。本实验以 MnO_2 为催化剂，用保温杯式简易量热计测定 H_2O_2 稀溶液的催化分解反应热效应。

保温杯式简易量热计由普通保温杯、分刻度为 0.1℃的温度计及杯内所盛的溶液或溶剂组成，其装置如图 4-3 所示。

在一般的测定实验中，如果溶液的浓度很稀，溶液的热容(C_{aq})就近似地等于溶剂的热容(C_{solv})，并且溶液的质量(m_{aq})也近似地等于溶剂的质量(m_{solv})。量热计的热容(C)可由下式表示：

$$C = C_{aq}m_{aq} + C_p \approx C_{solv}m_{solv} + C_p$$

式中，C_p 为量热计装置(包括保温杯、温度计等部件)的热容。

反应过程放出的热量，使量热计的温度升高。要测量量热计吸收的热量，必须先测定量热计的热容(C)。在本实验中采用稀的 H_2O_2 水溶液，因此

$$C \approx C_{H_2O}m_{H_2O} + C_p$$

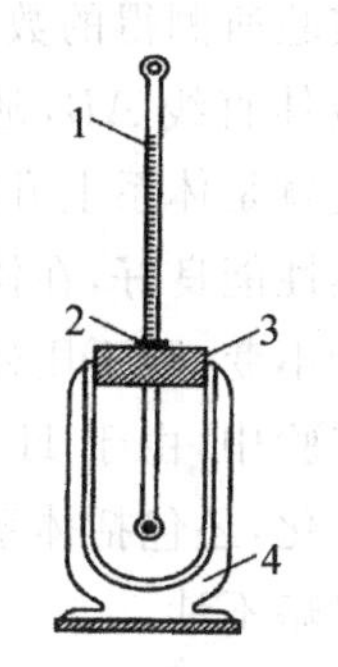

1—温度计；2—橡皮圈；
3—泡沫塑料塞；4—保温杯

图 4-3 保温杯式简易量热计装置

式中，C_{H_2O} 为水的质量热容，其值为 4.184J/(g·K)；m_{H_2O} 是水的质量，单位为 g。室温下，水的密度约为 1.00g/mL，因此在数值上 $m_{H_2O} \approx V_{H_2O}$，$V_{H_2O}$ 是水的体积，单位为 mL。量热计装置的热容 C_p 可用下面的方法测得：

往盛有质量为 m 的水(温度为 T_1)的量热计中，迅速加入相同质量的热水(温度为 T_2)，测得混合后的水温为 T_3，则

$$热水放热 = C_{H_2O}m_{H_2O}(T_2 - T_3)$$

$$冷水吸热 = C_{H_2O}m_{H_2O}(T_3 - T_1)$$

$$量热计装置吸热 = C_p(T_3 - T_1)$$

根据能量守恒定律，得到

$$C_{H_2O}m_{H_2O}(T_2 - T_3) = C_{H_2O}m_{H_2O}(T_3 - T_1) + C_p(T_3 - T_1)$$

$$C_p = \frac{C_{H_2O}m_{H_2O}(T_1 + T_2 - 2T_3)}{T_3 - T_1}$$

H_2O_2 发生分解后其反应焓可通过反应前后的温度变化来计算：

$$\Delta H = C_p\Delta T + C_{H_2O_2}m_{H_2O_2}\Delta T$$

式中，ΔH 为反应焓；C_p 为量热计装置的热容；ΔT 为反应前后的温度差；$C_{H_2O_2}$ 为 H_2O_2 稀

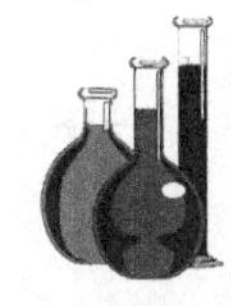

溶液比热容，近似地等于水的比热容；$m_{H_2O_2}$ 为 H_2O_2 稀溶液的质量，由于其密度近似地等于水的密度，因此，其数值约等于 $V_{H_2O_2}$。故 H_2O_2 分解的反应焓为

$$\Delta H = C_p \Delta T + 4.184 V_{H_2O_2} \Delta T$$

因此，H_2O_2 分解的摩尔反应焓的计算公式如下：

$$\Delta_r H_m = \frac{\Delta H}{(c_{H_2O_2} V_{H_2O_2})/1000} = \frac{1000(C_p + 4.184 V_{H_2O_2})}{c_{H_2O_2} V_{H_2O_2}}$$

式中，$c_{H_2O_2}$ 为 H_2O_2 稀溶液的摩尔浓度。

严格地说，简易量热计并非绝热体系。量热计和外界环境之间存在热量交换，当量热计内液体温度上升的时候，量热计杯体会向外界空气释放热量，这就使人们无法观测到最大的温度变化。这一误差，可用外推作图法予以消除，即根据实验所测得的数据，以温度对时间作图，在所得各点间作一最佳直线 AB，延长 BA 与纵轴相交于 C，C 点所表示的温度就是体系上升的最高温度（见图 4-4）。如果量热计的隔热性能良好，在体系温度升高到最高点后，数分钟内温度保持不变，则不用外推作图法，直接读出最高温度即可。

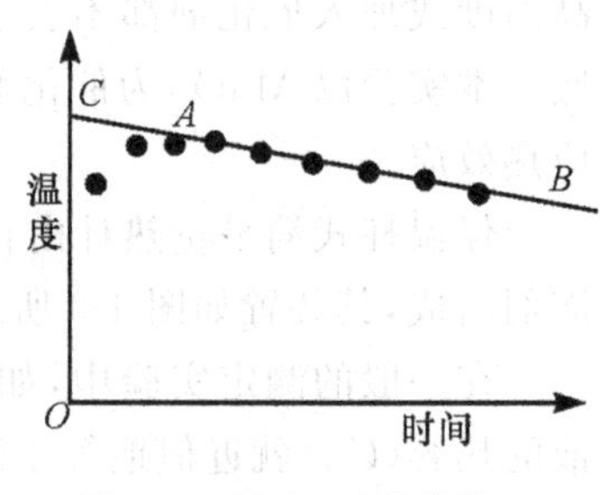

图 4-4 温度-时间曲线

本实验中，由于 H_2O_2 分解时有气体（O_2）放出，所以化学反应焓 ΔH 不仅包括体系内能的变化，还包括体系对环境所作的体积功，但因后者所占的比例很小，在近似测量中，通常可忽略不计。

三、预习要求

1. 化学反应热力学理论基础知识。
2. 秒表的使用（二维码 3-3）。
3. 实验结果的数据表达与处理（教材第 2 章）。

四、仪器与试剂

仪器：精密温度计（量程为 0～50℃、分度值为 0.1℃），保温杯，恒温水浴锅，量筒，烧杯，研钵，秒表。

试剂：MnO_2(s)，H_2O_2 溶液（新标定）。

材料：泡沫塑料塞，吸水纸。

五、实验内容

4-4 恒温水浴锅的使用示范

1. 量热计装置热容 C_p 的测定

按图 4-3 所示装配好量热计装置。保温杯盖可用泡沫塑料塞或软木塞，杯盖上的小孔要比温度计直径稍大一些，方便氧气逸出。为了保护温度计，避免温度计与杯底发生碰撞而损坏，在温度计上套一段橡皮管，防止温度计滑落。

［思考题 1］ *在安装简易量热计时，对温度计高度和位置有什么要求？*

用量筒量取 50mL 蒸馏水，把它倒入干净的保温杯中，塞好塞子，用双手握住保温杯进行摇动（尽量使液体不溅到塞子上）。几分钟后，精密温度计显示的温度若连续 2～3min 保持不变，记下温度 T_1。再量取 50mL 蒸馏水，倒入 100mL 烧杯中，在热水浴中加

热至高于 T_1 20℃左右。用精密温度计准确读出热水温度 T_2(热水温度绝不能高于50℃),迅速将此热水倒入保温杯中,塞好塞子后摇动保温杯。在倒热水的同时,按动秒表,每10s记录一次温度。记录三次后,隔20s记录一次,直到体系温度不再变化或等速下降为止。倒尽保温杯中的水,把保温杯洗净并擦干,待用。

[思考题2] 为什么要迅速加入热水,缓慢加入会对实验结果产生什么影响?

2. H_2O_2 稀溶液分解反应焓的测定

取100mL已知准确浓度的 H_2O_2 溶液(新标定),把它倒入保温杯中,塞好塞子,缓缓摇动保温杯,用精密温度计观测温度3min,当溶液温度不变时,记下温度 T'_1。迅速加入0.5g研细的 MnO_2 粉末,塞好塞子后,立即摇动保温杯,以使 MnO_2 粉末悬浮在 H_2O_2 溶液中。在加入 MnO_2 的同时,按动秒表,每隔10s记录一次温度。当温度升高到最高点时,记下此时的温度 T'_2,以后每隔20s记录一次温度。在相当一段时间(例如3min)内,若温度保持不变,T'_2 即可视为该反应达到的最高温度,否则就需用外推法求出反应的最高温度。

[思考题3] MnO_2 的作用是什么?使用时为什么要研磨成细粉?

[思考题4] 实验中,为什么必须使用新标定的 H_2O_2 溶液?

六、数据记录与处理

1. 量热计装置热容 C_p 的计算

项目	数据记录与处理
冷水温度 T_1/K	
热水温度 T_2/K	
冷热水混合后温度 T_3/K	
冷(热)水的质量 m_{H_2O}/g	
水的质量热容 C_{H_2O}/[J/(g·K)]	
量热计装置热容 C_p/(J/K)	

2. H_2O_2 分解反应焓的计算

项目	数据记录与处理
反应前温度 T'_1/K	
反应后温度 T'_2/K	
ΔT/K	
H_2O_2 溶液体积 V/mL	
H_2O_2 分解反应焓 ΔH/J	
H_2O_2 分解摩尔反应焓 $\Delta_r H_m$/(kJ/mol)	
标准 H_2O_2 摩尔反应焓 $\Delta_r H_m^{\ominus}$ 文献值/(kJ/mol)	
相对误差/%	

(林勇强编)

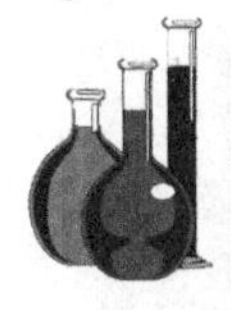

实验10　化学反应级数、速率常数和活化能的测定

一、实验目的

1. 了解浓度、温度和催化剂对反应速率的影响。
2. 学习测定过二硫酸铵与碘化钾反应的反应速率的方法。
3. 利用实验数据计算反应级数、反应速率常数和反应的活化能。

二、实验原理

在水溶液中，过二硫酸铵[$(NH_4)_2S_2O_8$]和碘化钾(KI)发生如下反应：

$$S_2O_8^{2-}+3I^- \longrightarrow 2SO_4^{2-}+I_3^- \tag{4-1}$$

根据速率方程，该反应的反应速率可表示为

$$v=kc_{S_2O_8^{2-}}^m c_{I^-}^n$$

式中，v 是反应的瞬时速率，若 $c_{S_2O_8^{2-}}$、c_{I^-} 是初始浓度，则 v 表示反应的初始速率 v_0；k 是反应速率常数；m 与 n 之和是反应级数。

实验能测定的速率是在一段时间间隔 Δt 内反应的平均速率$\bar{v}$。如果在 Δt 时间内 $S_2O_8^{2-}$ 浓度的改变为 $\Delta c_{S_2O_8^{2-}}$，则平均速率为

$$\bar{v}=-\frac{\Delta c_{S_2O_8^{2-}}}{\Delta t}$$

在本实验中，Δt 时间内反应物浓度变化很小，可近似地用平均速率代替初始速率：

$$v_0=kc_{S_2O_8^{2-}}^m c_{I^-}^n \approx -\frac{\Delta c_{S_2O_8^{2-}}}{\Delta t}$$

为了得到在 Δt 时间内 $S_2O_8^{2-}$ 浓度的改变值 $\Delta c_{S_2O_8^{2-}}$，需要在混合 $(NH_4)_2S_2O_8$ 和 KI 溶液的同时，加入一定体积已知浓度的 $Na_2S_2O_3$ 溶液和淀粉溶液，这样在反应(4-1)进行的同时还伴随着下面的反应：

$$2S_2O_3^{2-}+I_3^- \longrightarrow S_4O_6^{2-}+3I^- \tag{4-2}$$

反应(4-2)进行得非常快，几乎是瞬间完成的，而反应(4-1)要慢得多。因此，由反应(4-1)生成的 I_3^- 立即与 $S_2O_3^{2-}$ 反应，生成无色的 $S_4O_6^{2-}$ 和 I^-。因此，在反应的开始阶段看不到碘与淀粉反应所呈现的特有蓝色。但是一旦 $Na_2S_2O_3$ 耗尽，反应(4-1)后续生成的 I_3^- 就与淀粉反应而使溶液呈现蓝色。

从开始反应到溶液呈现蓝色，标志着 $S_2O_3^{2-}$ 已耗尽，所以这段时间 Δt 内，$S_2O_3^{2-}$ 浓度的改变值 $\Delta c_{S_2O_3^{2-}}$ 实际上就是 $Na_2S_2O_3$ 的起始浓度。

从反应(4-1)和(4-2)可以看出，$S_2O_8^{2-}$ 浓度的改变值为 $S_2O_3^{2-}$ 的一半，即

$$\Delta c_{S_2O_8^{2-}}=\frac{c_{S_2O_3^{2-}}}{2}$$

实验中，通过改变反应物 $S_2O_8^{2-}$ 和 I^- 的初始浓度，测定消耗等摩尔浓度 $\Delta c_{S_2O_8^{2-}}$ 的 $S_2O_8^{2-}$ 所需要的不同的时间间隔 Δt，计算不同反应物初始浓度条件下的反应初始速率。

由速率方程 $v=kc^{m}_{S_2O_8^{2-}}c^{n}_{I^-}$，两边取对数得

$$\lg v=m\lg c_{S_2O_8^{2-}}+n\lg c_{I^-}+\lg k$$

当 c_{I^-} 不变时（即表 4-1 所示的编号 1～4），以 $\lg v$ 对 $\lg c_{S_2O_8^{2-}}$ 作图，可得一直线，斜率即为 m。同理，当 $c_{S_2O_8^{2-}}$ 不变时（即表 4-1 所示的编号 4～7），以 $\lg v$ 对 $\lg c_{I^-}$ 作图，可求得 n。反应级数则为 $m+n$。

将求得的 m 和 n 代入 $v=kc^{m}_{S_2O_8^{2-}}c^{n}_{I^-}$，即可求得反应速率常数 k。

由阿累尼乌斯方程 $\lg k=A-E_a/(2.303RT)$ 可知，只要测出不同温度下的反应速率常数 k 值，以 $\lg k$ 对 $1/T$ 作图，可得一直线，由直线斜率[$-E_a/(2.303RT)$]可求得反应的活化能 E_a（R 为摩尔气体常数，T 为热力学温度）。

三、预习要求

1. 化学反应动力学理论基础知识。

2. 秒表的使用（二维码 3-3）。

3. 实验结果的数据表达与处理（教材第 2 章）。

四、仪器与试剂

仪器：烧杯，量筒，秒表，温度计，恒温水浴锅。

试剂：0.20mol/L $(NH_4)_2S_2O_8$ 溶液，0.20mol/L KI 溶液，0.010mol/L $Na_2S_2O_3$ 溶液，0.20mol/L KNO_3 溶液，0.20mol/L $(NH_4)_2SO_4$ 溶液，0.020mol/L $Cu(NO_3)_2$ 溶液，0.2% 淀粉溶液。

材料：冰。

五、实验内容

1. 浓度对化学反应速率的影响及反应级数和反应速率常数的确定

在室温下，进行表 4-1 中编号 4 的实验。用贴有各自标签的量筒分别量取 20.0mL 0.20mol/L KI 溶液（不宜使用有碘析出的浅黄色溶液）、6.0mL 0.010mol/L $Na_2S_2O_3$ 溶液和 4.0mL 0.2%淀粉溶液，全部加入烧杯中，混合均匀。然后用量筒取 20.0mL 0.20mol/L 新配制的 $(NH_4)_2S_2O_8$ 溶液，迅速倒入上述混合液中，同时启动秒表，并不断搅动，仔细观察。当溶液刚呈现蓝色时，立即按停秒表，记录反应时间和室温。

[思考题 1] 为什么所使用的 KI 溶液应为无色透明溶液，不宜使用有碘析出的浅黄色溶液？$(NH_4)_2S_2O_8$ 溶液要新配制的？

[思考题 2] 取用试剂的量筒没有分开专用，对实验有什么影响？

[思考题 3] 本实验中，为什么要求 $(NH_4)_2S_2O_8$ 溶液要最后加入？如果 KI 溶液最后加入，对实验有无影响？将 $(NH_4)_2S_2O_8$ 溶液缓慢加入 KI 等混合溶液中，对实验有何影响？

[思考题 4] 在表 4-1 所示的编号 1、2、3 和 5、6、7 中分别加入 $(NH_4)_2SO_4$ 溶液和 KNO_3 溶液，有什么作用？

[思考题 5] $Na_2S_2O_3$ 的用量对反应有怎样的影响？

用同样方法按照表 4-1 所示的用量进行编号 1、2、3、5、6、7 的实验。

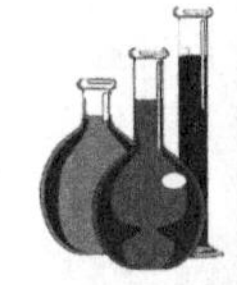

表 4-1 浓度对反应速率的影响

编号		1	2	3	4	5	6	7
试剂用量/mL	0.20mol/L $(NH_4)_2S_2O_8$ 溶液	5.0	10.0	15.0	20.0	20.0	20.0	20.0
	0.20mol/L KI 溶液	20.0	20.0	20.0	20.0	15.0	10.0	5.0
	0.010mol/L $Na_2S_2O_3$ 溶液	6.0	6.0	6.0	6.0	6.0	6.0	6.0
	0.2%淀粉溶液	4.0	4.0	4.0	4.0	4.0	4.0	4.0
	0.20mol/L KNO_3 溶液	0	0	0	0	5.0	10.0	15.0
	0.20mol/L $(NH_4)_2SO_4$ 溶液	15.0	10.0	5.0	0	0	0	0

2. 温度对化学反应速率的影响及反应活化能的确定

按表 4-1 所示的编号 2 中的药品用量，将装有 KI 溶液、$Na_2S_2O_3$ 溶液、KNO_3 溶液和淀粉溶液的烧杯和装有$(NH_4)_2S_2O_8$ 溶液的小烧杯，放入冰水浴中冷却，待它们温度冷却到低于室温 10℃时，将$(NH_4)_2S_2O_8$ 溶液迅速加到 KI 等的混合溶液中，同时计时并不断搅动，当溶液刚呈现蓝色时，记录反应时间。此实验编号记为 8。

用同样方法在热水浴中进行温度高于室温 10℃的实验。此实验编号记为 9。

如果室温低于 10℃，可将温度条件改为室温、高于室温 10℃、高于室温 20℃三种情况进行实验。

3. 催化剂对化学反应速率的影响

按表 4-1 所示的编号 1 的用量，在装有 KI 溶液、$Na_2S_2O_3$ 溶液、KNO_3 溶液和淀粉溶液的烧杯中，加入 1 滴 0.020mol/L $Cu(NO_3)_2$ 溶液，搅匀，然后迅速加入$(NH_4)_2S_2O_8$ 溶液，同时计时并不断搅拌，当溶液刚呈现蓝色时，记下反应时间。

六、数据记录与处理

1. 浓度对化学反应速率的影响及反应级数和反应速率常数的确定

室温：________

编号		1	2	3	4	5	6	7
试剂用量/mL	0.20mol/L $(NH_4)_2S_2O_8$ 溶液	5.0	10.0	15.0	20.0	20.0	20.0	20.0
	0.20mol/L KI 溶液	20.0	20.0	20.0	20.0	15.0	10.0	5.0
	0.010mol/L $Na_2S_2O_3$ 溶液	6.0	6.0	6.0	6.0	6.0	6.0	6.0
	0.2%淀粉溶液	4.0	4.0	4.0	4.0	4.0	4.0	4.0
	0.20mol/L KNO_3 溶液	0	0	0	0	5.0	10.0	15.0
	0.20mol/L $(NH_4)_2SO_4$ 溶液	15.0	10.0	5.0	0	0	0	0
混合液中反应物的起始浓度/(mol/L)	$(NH_4)_2S_2O_8$							
	KI							
	$Na_2S_2O_3$							

续表

编号	1	2	3	4	5	6	7
反应时间 Δt/s							
$S_2O_8^{2-}$ 的浓度变化 $\Delta c_{S_2O_8^{2-}}$/(mol/L)							
反应速率 v/[mol/(L·s)]							
$\lg v$							
$\lg c_{S_2O_8^{2-}}$							
$\lg c_{I^-}$							
m							
n							
反应速率常数 k/[L/(mol·s)]							

2. 温度对化学反应速率的影响及反应活化能的确定

编号		2	8	9
反应温度 T/K				
反应时间 Δt/s				
反应速率 v/[mol/(L·s)]				
反应速率常数 k/[L/(mol·s)]				
$\lg k$				
$\frac{1}{T}/K^{-1}$				
反应活化能 E_a/[kJ/(mol)]	测定值	51.8		
	文献值			
相对误差/%				

3. 催化剂对化学反应速率的影响

编号	1	10
0.020mol/L $Cu(NO_3)_2$ 溶液滴数	0	1
反应时间 Δt/s		
反应速率 v/[mol/(L·s)]		

（林勇强编）

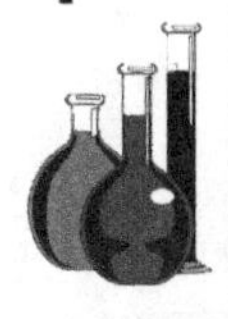

实验 11　醋酸电离度和电离常数的测定

一、实验目的

1. 学习测定醋酸电离度和电离常数的基本原理和方法。
2. 学会酸度计的使用方法。
3. 进一步熟悉溶液的配制和酸碱滴定操作。

4-5　醋酸电离度和电离常数微课

二、实验原理

醋酸(CH_3COOH，简写成 HAc)是一种弱酸，在水溶液中存在下列电离平衡：

$$HAc\,(aq) \rightleftharpoons H^+\,(aq) + Ac^-\,(aq)$$

其电离常数的表达式为

$$K_{HAc} = \frac{c_{H^+}\,c_{Ac^-}}{c_{HAc}}$$

式中，c_{H^+}、c_{Ac^-} 和 c_{HAc} 分别为 H^+、Ac^- 和 HAc 的平衡浓度，单位为 mol/L；K_{HAc} 为醋酸的酸常数(电离常数)。设 HAc 的起始浓度为 c_0(mol/L)，醋酸的电离度为 α，在纯醋酸溶液中，$c_{H^+} = c_{Ac^-} = c_0\alpha$，$c_{HAc} = c_0 - c_{H^+} = c_0(1-\alpha)$，醋酸电离度、电离常数表示如下：

$$\alpha = \frac{c_{H^+}}{c_0} \qquad K_{HAc} = \frac{c_{H^+}\,c_{Ac^-}}{c_{HAc}} = \frac{c_{H^+}^2}{c_0 - c_{H^+}}$$

在一定温度下，用酸度计测定已知浓度的醋酸溶液的 pH 值，根据 $pH = -\log c_{H^+}$，换算成 c_{H^+}，代入上述关系式中，可求得该温度下醋酸的电离常数 K_{HAc} 值和电离度 α。

三、预习要求

1. 电离度和电离常数基本概念。
2. 容量瓶、移液管和滴定管的使用(二维码 3-3)。
3. 酸度计的工作原理和使用方法(二维码 3-3)。

四、仪器与试剂

仪器：pHS-3C 型酸度计，温度计，容量瓶，吸量管，移液管，碱式滴定管，滴定管夹，铁架台，锥形瓶，烧杯，洗瓶，洗耳球。

4-6　酸度计的使用示范

试剂：0.1000mol/L NaOH 标准溶液，0.1mol/L HAc 溶液，1% 酚酞溶液，pH＝4.00 和 pH＝6.86 标准缓冲溶液。

材料：吸水纸。

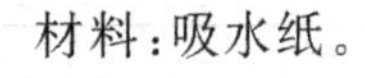

五、实验内容

1. 醋酸溶液浓度的标定

用移液管取 25.00mL 待标定浓度(约 0.1mol/L)的 HAc 溶液，置于 250mL 锥形瓶中，滴加 2～3 滴酚酞指示剂，用 NaOH 标准溶液滴定至溶液呈现粉红色，并在半分钟内不褪色为止。准确记录所用 NaOH 标准溶液的体积。重复滴定 2 次(前后滴定所用

NaOH 溶液的体积差应小于 0.05mL)。

[思考题 1] 用 NaOH 标准溶液测定 HAc 溶液的浓度时,滴定已达到终点(即酚酞指示剂呈微红色,且半分钟内不褪色),但久置后,红色褪掉了。有人说:"是由于刚才的终点不是真正的终点所致"。你认为这种说法对吗?为什么?

2. 配制不同浓度的醋酸溶液

用移液管和吸量管分别取已测得准确浓度的 HAc 溶液 25.00mL、10.00mL 和 5.00mL,并分别放入 3 只 50mL 的容量瓶中,再用蒸馏水稀释至标线处摇匀备用。

[思考题 2] 本实验的关键是 HAc 溶液浓度要准确,pH 值要读准,为什么?

3. 测定不同浓度的醋酸溶液的 pH 值

取上述三种溶液和原溶液各 30mL 左右,分别放入 4 只洁净、干燥的 50mL 烧杯中,按由稀到浓的顺序在酸度计上分别测出它们的 pH 值。

[思考题 3] 烧杯是否必须烘干?为什么?

[思考题 4] 测定不同浓度 HAc 溶液的 pH 值时,为什么要按由稀到浓的顺序进行?

[思考题 5] 醋酸的电离度和电离常数是否受溶液浓度的变化影响?

六、数据记录与处理

1. 醋酸溶液浓度的标定

测定序号		1	2	3
NaOH 标准溶液浓度 c_{NaOH}/(mol/L)				
HAc 溶液用量 V_{HAc}/mL				
NaOH 标准溶液用量 V_{NaOH}/mL				
HAc 溶液浓度 c_{HAc}/(mol/L)	测定值			
	平均值			

2. 不同浓度的醋酸溶液的 pH 值

室温:________

编号	V_{HAc}/mL	c_{HAc}/(mol/L)	pH 值	c_{H^+}/(mol/L)	电离度 α	K_{HAc} 测定值	K_{HAc} 平均值	K_{HAc} 文献值	相对误差/%
1	5.00								
2	10.00							1.76×10^{-5}	
3	25.00								
4	50.00								

(林勇强编)

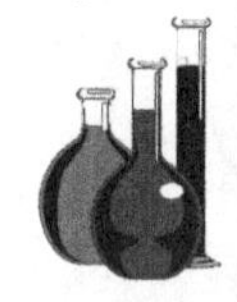

实验12 $I_3^- \rightleftharpoons I^- + I_2$ 平衡常数的测定

一、实验目的

1. 测定 $I_3^- \rightleftharpoons I^- + I_2$ 反应的平衡常数，加深对化学平衡原理的理解。

2. 巩固滴定操作和滴定管、移液管的使用方法。

二、实验原理

I_2 溶于 KI 溶液中生成 I_3^-，并建立如下平衡：

$$I_3^- \rightleftharpoons I^- + I_2$$

在一定温度下，其平衡常数可表示为

$$K = \frac{a_{I_2} a_{I^-}}{a_{I_3^-}} = \frac{\gamma_{I_2} \gamma_{I^-}}{\gamma_{I_3^-}} \times \frac{c_{I_2} c_{I^-}}{c_{I_3^-}}$$

式中，a 为活度；γ 为活度系数；c 为摩尔浓度，单位为 mol/L。在稀溶液中，由于离子强度不大，$\frac{\gamma_{I_2} \gamma_{I^-}}{\gamma_{I_3^-}} \approx 1$，所以

$$K \approx \frac{c_{I_2} c_{I^-}}{c_{I_3^-}}$$

为了测定平衡时各组分的浓度，可用已知浓度 c 的 KI 溶液与过量的 I_2 一起振荡，达到平衡后，取上层清液，用 $Na_2S_2O_3$ 标准溶液进行滴定：

$$2Na_2S_2O_3 + I_2 \longrightarrow 2NaI + Na_2S_4O_6$$

可得到溶解在 KI 溶液中 I_2 的总浓度 $c_总$（$c_总 = c_{I_3^-} + c_{I_2}$），其中 c_{I_2} 可用 I_2 在水中的饱和浓度来代替。

将过量的 I_2 与蒸馏水一起振荡，当 I_2 饱和后，取上层清液，用 $Na_2S_2O_3$ 标准溶液进行滴定，就可以确定 c_{I_2}，同时也得到了 $c_{I_3^-}$。

$$c_{I_3^-} = c_总 - c_{I_2}$$

由于形成一个 I_3^- 需消耗一个 I^-，所以平衡时 I^- 的浓度为

$$c_{I^-} = c - c_{I_3^-}$$

将 c_{I_2}、c_{I^-} 和 $c_{I_3^-}$ 代入 $K \approx \frac{c_{I_2} c_{I^-}}{c_{I_3^-}}$ 中，即可求得一定温度下的反应平衡常数 K 值。

三、预习要求

1. 平衡常数相关知识。

2. 滴定管和移液管的使用（二维码 3-3）。

四、仪器与试剂

仪器：电子天平，量筒，碘量瓶，移液管，碱式滴定管，滴定管夹，铁架台，锥形瓶，洗耳球。

试剂：I_2（s），0.01000mol/L $Na_2S_2O_3$ 标准溶液，0.01000mol/L KI 溶液，0.02000mol/L KI溶液，0.2% 淀粉溶液。

五、实验内容

1. 取 2 只干燥的 100mL 碘量瓶和 1 只 250mL 碘量瓶，分别标上 1、2、3 号。用量筒分别量取 80mL 0.01000mol/L KI 溶液注入 1 号瓶，80mL 0.02000mol/L KI 溶液注入 2 号瓶，200mL 蒸馏水注入 3 号瓶，然后在每个瓶内各加入 0.5g 研细的 I_2，盖好瓶塞。

[思考题 1] 1、2 号瓶是否必须干燥？为什么？

2. 将 3 只碘量瓶在室温下剧烈振荡 30min，静置 10min，待固体 I_2 完全沉于瓶底后，取上层清液进行滴定。

[思考题 2] 如果碘量瓶没有充分振荡或者加入的 I_2 的量不够，对实验结果有什么影响？

3. 用移液管取 1 号瓶上层清液 10mL，注入 250mL 锥形瓶中，再加入 40mL 蒸馏水，用 $Na_2S_2O_3$ 标准溶液滴定至溶液呈淡黄色，加入 4mL 0.2%淀粉溶液，继续滴定至蓝色刚好消失，记下所消耗的 $Na_2S_2O_3$ 标准溶液的体积 V_1。再次移取 1 号瓶上层清液 10mL，重复上述操作，记下消耗的 $Na_2S_2O_3$ 标准溶液的体积 V_2（两次所用的 $Na_2S_2O_3$ 溶液的体积相差不超过 0.10mL）。

[思考题 3] 为什么要到溶液呈现淡黄色时才加入淀粉溶液？

[思考题 4] 滴定结束后，溶液放置一段时间后变蓝，对实验结果有无影响？为什么？

[思考题 5] 影响本次实验结果的主要误差来自哪些方面？

用同样方法对 2 号瓶上层清液进行滴定。

4. 用 50mL 移液管取 3 号瓶上层清液两份，用 $Na_2S_2O_3$ 标准溶液进行滴定。

六、数据记录与处理

室温：________

编号		1	2	3
取样量/mL		10.00	10.00	50.00
$Na_2S_2O_3$ 溶液的体积 $V_{Na_2S_2O_3}$/mL	测定值 V_1			
	测定值 V_2			
	平均值 $\overline{V}$			
$Na_2S_2O_3$ 溶液的浓度 $c_{Na_2S_2O_3}$/(moL/L)				
$c_{I_3^-}$ 和 c_{I_2} 的总浓度 $c_总$ 的计算公式		$c_总=\dfrac{c_{Na_2S_2O_3}V_{Na_2S_2O_3}}{2V_{I_2-KI}}$		
$c_{I_3^-}$ 和 c_{I_2} 的总浓度 $c_总$/(moL/L)				—
水溶液中碘的饱和浓度 c_{I_2} 的计算公式		—	—	$c_{I_2}=\dfrac{c_{Na_2S_2O_3}V_{Na_2S_2O_3}}{2V_{I_2-H_2O}}$
水溶液中碘的饱和浓度 c_{I_2}/(moL/L)		—	—	

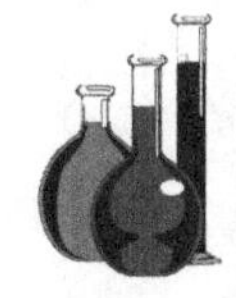

续表

编号		1	2	3
平衡时 I_3^- 的浓度 $c_{I_3^-}$/(moL/L)				—
平衡时 I^- 的浓度 c_{I^-}/(moL/L)				—
平衡常数 K	测定值			
	平均值			
	文献值	1.5×10^{-3}		
相对误差/%				

（林勇强编）

实验 13　醋酸银溶度积常数的测定

一、实验目的

4-7 醋酸银溶度积常数微课

1. 学习测定难溶盐 AgAc 溶度积常数的原理和方法。
2. 进一步巩固滴定、过滤等基本操作。

二、实验原理

对于一般难溶电解质(A_nB_m)，在一定温度下，存在着沉淀与溶解平衡，可用以下通式表示为

$$A_nB_m(s) \rightleftharpoons nA^{m+}(aq) + mB^{n-}(aq)$$

其平衡常数表达式为

$$K^{\ominus}_{sp,A_nB_m} = c^n_{A^{m+}}c^m_{B^{n-}}$$

式中，$K^{\ominus}_{sp}$称为溶度积常数，是表征难溶电解质溶解能力的特性常数。

对于 AgAc，其溶度积常数表达式为

$$AgAc(s) \underset{沉淀}{\overset{溶解}{\rightleftharpoons}} Ag(aq)^+ + Ac(aq)^-$$

$$K^{\ominus}_{sp,AgAc} = c_{Ag^+}c_{Ac^-}$$

本实验首先用 $AgNO_3$ 和 NaAc 反应，生成 AgAc 沉淀，在达到沉淀溶解平衡后将沉淀过滤出来，以 Fe^{3+} 为指示剂，用已知浓度的 KSCN 溶液来滴定一定量的滤液，从而计算出溶液中的 c_{Ag^+}，再根据实验初始加入的 $AgNO_3$ 和 NaAc 的量求出平衡时 c_{Ac^-}，从而得到 $K^{\ominus}_{sp,AgAc}$。

$$AgNO_3 + NaAc \longrightarrow AgAc\downarrow + NaNO_3$$

$$Ag^+ + SCN^- \longrightarrow AgSCN\downarrow$$

$$Fe^{3+} + 3SCN^- \longrightarrow Fe(NCS)_3$$

三、预习要求

1. 溶度积常数的概念及 AgAc 溶度积常数测定的原理。

2. 沉淀滴定法原理及其操作。

3. 移液管、滴定管的使用及滴定基本操作(二维码 3-3)。

4. 过滤基本操作(二维码 3-11)。

四、仪器与试剂

仪器:滴定管,移液管,吸量管,烧杯,锥形瓶,漏斗,洗瓶,温度计。

试剂:0.2000mol/L NaAc 溶液,0.2000mol/L $AgNO_3$ 溶液,6mol/L HNO_3 溶液,0.1000mol/L KSCN 标准溶液,0.1mol/L $Fe(NO_3)_3$ 溶液。

材料:滤纸。

五、实验内容

1. 用吸量管分别移取 20.00mL、30.00mL 0.2000mol/L $AgNO_3$ 溶液于两只干燥的锥形瓶中(分别标记为 1 号和 2 号),然后用另一吸量管分别加入 40.00mL、30.00mL 0.2000mol/L NaAc 溶液于上述两个锥形瓶中,使每瓶中均有 60mL 溶液,轻轻摇动锥形瓶约 30min,使沉淀达到沉淀溶解平衡。

[思考题 1] 反应过程中,为何要不断摇动锥形瓶且约需要 30min?

2. 分别将上述两个锥形瓶中混合物过滤,滤液用两个干燥洁净的小烧杯承接(滤液必须完全澄明,否则应重新过滤)。

[思考题 2] 假如实验中有 AgAc 固体透过滤纸或者沉淀不完全,对实验结果将产生什么影响?

3. 用移液管移取 25mL 1 号瓶中的两份滤液,放入两个洁净的锥形瓶中,各加入 1mL 1mol/L $Fe(NO_3)_3$ 溶液,若溶液显红色,加几滴 6mol/L HNO_3 溶液,直至无色。

[思考题 3] 本实验中所用仪器哪些是需要干燥的?如没有干燥,将对实验结果产生什么影响?

[思考题 4] 加入 0.1mol/L $Fe(NO_3)_3$ 溶液作为指示剂,若溶液显红色,为什么必须加几滴 6mol/L HNO_3 溶液,直至无色?

4. 用 0.1000mol/L KSCN 标准溶液滴定此溶液至呈稳定浅红色,记录所用 KSCN 溶液的体积。

5. 重复 3、4 步骤,对 2 号瓶中的滤液进行测定。

[思考题 5] 难溶电解质溶度积常数的测定,除本实验使用的方法外,还可用哪些方法进行测定?

六、数据记录与处理

测定序号	1	2
$AgNO_3$ 溶液的体积 V_{AgNO_3}/mL	20.00	30.00
NaAc 溶液的体积 V_{NaAc}/mL	40.00	30.00
混合物总体积/mL	60.00	60.00
滴定时所用混合物体积/mL		

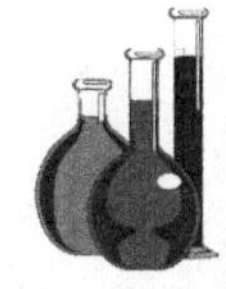

续表

<table>
<tr><td colspan="2">测定序号</td><td>1</td><td>2</td></tr>
<tr><td colspan="2">c_{KSCN}/(mol/L)</td><td></td><td></td></tr>
<tr><td rowspan="3">滴定消耗 KSCN 溶液的体积/mL</td><td>初读数</td><td></td><td></td></tr>
<tr><td>终读数</td><td></td><td></td></tr>
<tr><td>净用量</td><td></td><td></td></tr>
<tr><td colspan="2">混合液中 Ag^+ 总浓度/(mol/L)</td><td></td><td></td></tr>
<tr><td colspan="2">混合液中 Ac^- 总浓度/(mol/L)</td><td></td><td></td></tr>
<tr><td colspan="2">AgAc 沉淀平衡后 c_{Ag^+}/(mol/L)</td><td></td><td></td></tr>
<tr><td colspan="2">AgAc 沉淀平衡后 c_{Ac^-}/(mol/L)</td><td></td><td></td></tr>
<tr><td rowspan="3">溶度积常数 $K^{\ominus}_{sp,AgAc}$</td><td>测定值</td><td></td><td></td></tr>
<tr><td>平均值</td><td colspan="2"></td></tr>
<tr><td>文献值</td><td colspan="2">4.4×10^{-3}</td></tr>
<tr><td colspan="2">相对误差/%</td><td></td><td></td></tr>
</table>

（梁华定编）

实验14 硫氰酸铁配位离子配位数的测定

一、实验目的

1. 了解光度法测有色物浓度的方法。
2. 了解光度法测配合物配位数的原理和方法。
3. 学习分光光度计的使用。
4. 巩固溶液配制和利用作图法处理数据的方法。

二、实验原理

当用一束波长一定的单色光照射盛在比色皿中的有色溶液时，有一部分光被溶液吸收，一部分透过。设 c 为有色溶液浓度，b 为有色溶液（比色皿）厚度，则吸光度（A）与有色溶液的浓度（c）和溶液的厚度（b）的乘积成正比。这就是朗伯-比尔定律，其数学表达式为

$$A=abc$$

式中，a 为吸光系数，其数值与入射光的波长、溶液的性质及温度等有关。若入射光的波长、温度和比色皿厚度均一定，则吸光度 A 只与有色溶液浓度 c 成正比。

设中心离子 M 和配体 L 在给定条件下反应，只生成一种有色配离子[或配位化合物（简称配合物）]ML_n，即

$$M + nL \rightleftharpoons ML_n$$

若 M 与 L 都是无色的，则此溶液的吸光度 A 与该有色配离子或配合物的浓度成正比。据此可用等摩尔系列法测定该配离子或配合物的组成和稳定常数。

本实验用等摩尔系列法测定 pH=2 时 SCN^- 与 Fe^{3+} 形成的配离子的配位数。实验中硫氰酸钾是无色的，Fe^{3+} 的浓度很稀，接近无色。

所谓等摩尔系列法就是保持中心离子 M 和配体 L 两者的总物质的量不变，将中心离子和配体按不同的物质的量之比混合，配制系列等体积溶液[即配制一系列保持中心离子浓度(c_M)和配体浓度(c_L)之和不变的溶液]，分别测其吸光度。虽然这一系列溶液中的总物质的量相等，但 M 与 L 的物质的量之比是不同的。在有些溶液中，中心离子 M 是过量的；在另一些溶液中，配体 L 是过量的。在这两部分溶液中，配离子 ML_n 的浓度不可能达到最大值。只有当溶液中配体与中心离子的物质的量之比与配离子的组成一致时，配离子浓度才能达到最大值，对应的吸光度也最大。随着中心离子浓度 c_M 由小到大，配合物浓度 c_{ML_n} 先递增再递减，相应的吸光度也先增加后减小，以吸光度(A)为纵坐标、摩尔分数(F，当配体和中心离子浓度相同时，摩尔分数等于体积分数，即 $F=\frac{V_M}{V_M+V_L}$)为横坐标作图，得一曲线(见图 4-5)，通过对曲线上与吸光度极大值对应的摩尔分数进行数据处理，就可以得到配离子中中心离子与配体的组成之比。

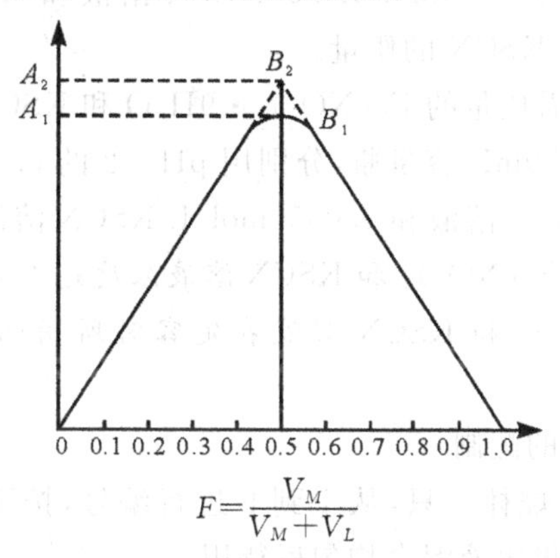

图 4-5　等摩尔系列法测定配合物组成比

图 4-5 表示一个稳定性较差的配合物 ML_n 的摩尔分数与吸光度的关系曲线，将曲线两边的直线部分延长相交于 B_2，B_2 点对应的吸光度 A_2 最大，此时 M 与 L 全部结合。但由于配离子有一部分解离，其实际浓度要稍小一些，实验测得的最大吸光度是 B_1 点对应的 A_1 值。由 B_1 点的横坐标 F 可计算配离子中中心离子与配体的物质的量之比，即可求出配离子 ML_n 中配体的数目 n。

例如，若 $F=\frac{V_M}{V_M+V_L}=0.5$，则 $\frac{n_M}{n_M+n_L}=0.5$。

整理可得 $\frac{n_M}{n_L}=1$，即中心离子与配体的物质的量之比是 1∶1，所以该配离子中配体的数目 n 为 1。

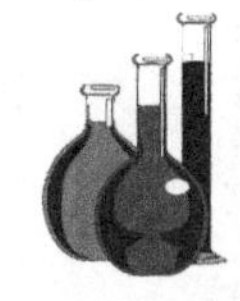

本实验测定硫氰酸根(SCN^-)与Fe^{3+}形成的配离子的配位数。其反应式为

$$Fe^{3+} + nSCN^- \longrightarrow [Fe(NCS)_n]^{3-n}$$

由于形成的配离子的组成随溶液pH的不同而改变，故本实验在pH≈2的条件下进行测定。为了保证测定溶液的pH和离子强度基本恒定，并抑制Fe^{3+}的水解，本实验用pH=2的0.5mol/L KNO_3溶液作为溶剂来配制$Fe(NO_3)_3$和KSCN溶液。

三、预习要求

4-8 分光光度计的使用示范

1. 配合物的基本知识。
2. 分光光度计的构造和使用方法。

四、仪器与试剂

仪器：7200型分光光度计，1cm比色皿，电子天平，50mL烧杯，100mL烧杯，250mL容量瓶，10mL吸量管。

试剂：$Fe(NO_3)_3 \cdot 9H_2O$ (s)，KSCN (s)，pH=2的0.5mol/L KNO_3溶液。

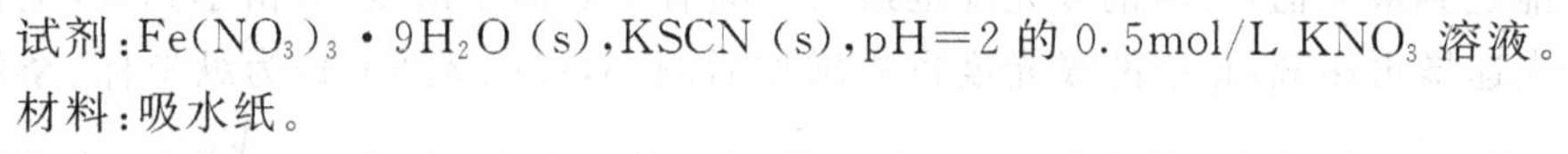

材料：吸水纸。

五、实验内容

1. $Fe(NO_3)_3$和KSCN标准溶液的配制

计算分别配制250mL 0.0050mol/L $Fe(NO_3)_3$溶液和0.0050mol/L KSCN溶液所需的$Fe(NO_3)_3 \cdot 9H_2O$和KSCN的质量。

在电子天平上称出所需质量的$Fe(NO_3)_3 \cdot 9H_2O$和KSCN。

取2只干燥、洁净的250mL容量瓶，分别用pH=2的0.5mol/L KNO_3溶液作溶剂配制0.0050mol/L $Fe(NO_3)_3$溶液和0.0050mol/L KSCN溶液各250mL。

[思考题1] 实验中，$Fe(NO_3)_3$和KSCN溶液浓度是否必须相同，为什么？

[思考题2] $Fe(NO_3)_3$和KSCN溶液在定容时所用的容量瓶是否必须干燥，为什么？

2. 硫氰酸铁系列溶液的配制

取干燥、洁净的50mL烧杯9只，从1到9进行编号，按下文表中的用量，分别量取$Fe(NO_3)_3$和KSCN溶液，将溶液混合均匀后待用。

[思考题3] 如果混合$Fe(NO_3)_3$和KSCN溶液的烧杯没有烘干，对实验结果有何影响？

[思考题4] 用来吸取$Fe(NO_3)_3$溶液的吸量管与吸取KSCN溶液的吸量管能否混用？

3. 硫氰酸铁系列溶液吸光度的测定

以0.0050mol/L $Fe(NO_3)_3$溶液为参比，用7200型分光光度计在550nm波长条件下测定系列溶液的吸光度。

[思考题5] 在测定溶液吸光度时，如果比色皿的透光面上的水珠没有擦干，对测得的吸光度数值有什么影响？

六、数据记录与处理

1. 硫氰酸铁系列溶液吸光度的测定

编号	1	2	3	4	5	6	7	8	9
$Fe(NO_3)_3$ 体积/mL	1.00	2.00	3.00	4.00	5.00	6.00	7.00	8.00	9.00
KSCN 体积/mL	9.00	8.00	7.00	6.00	5.00	4.00	3.00	2.00	1.00
$F=\frac{V_M}{V_M+V_L}$	0.100	0.200	0.300	0.400	0.500	0.600	0.700	0.800	0.900
吸光度 A									

2. 以 $F=\frac{V_M}{V_M+V_L}$ 为横坐标、对应的吸光度 A 为纵坐标作图。

图中最大吸收位置在________，Fe^{3+} 与 SCN^- 形成的配离子的配位数为________，配离子的化学式为_________。

（林勇强编）

第5章　无机物性质及定性分析实验

5-1　试管反应与无机定性分析

实验15　s区金属元素(碱金属和碱土金属)

一、实验目的

1. 比较碱金属和碱土金属的活泼性。
2. 了解某些钠、钾微溶盐的溶解性。
3. 比较碱土金属氢氧化物、碳酸盐、硫酸盐、草酸盐、铬酸盐的溶解性。
4. 学习焰色反应基本操作,并熟悉使用金属钾、钠的安全措施。

二、实验原理

s区元素包括周期系ⅠA族的碱金属和ⅡA族的碱土金属元素,价电子构型为$ns^{1\sim2}$。它们的化学性质活泼,能直接或间接地与电负性较大的非金属元素反应。除Be外,都可与水反应,其中钠、钾与水反应剧烈,而镁与水反应很缓慢,这是因为它的表面形成一层难溶于水的氢氧化镁,阻碍了金属镁与水的进一步作用。

碱金属的氢氧化物除LiOH外都易溶于水,它们的溶解度从Li到Cs依次递增。碱土金属的氢氧化物的溶解度从Be到Ba也依次递增,其中$Be(OH)_2$和$Mg(OH)_2$为难溶氢氧化物。这两族的氢氧化物除$Be(OH)_2$显两性外,其余都显强碱性。

碱金属盐类的最大特点是绝大多数易溶于水,且在水中完全解离成简单离子。只有极少数盐类是微溶的,如醋酸铀酰锌钠$NaAc \cdot Zn(Ac)_2 \cdot 3UO_2(Ac)_2 \cdot 9H_2O$、六羟基锑酸钠$Na[Sb(OH)_6]$、酒石酸氢钾$KHC_4H_4O_6$、六硝基合钴酸钠钾$K_2Na[Co(NO_2)_6]$等。钠、钾的这些微溶盐常用作鉴定钠、钾离子。

碱土金属盐类的重要特征是它们的难溶性,除氯化物、硝酸盐、硫酸镁、铬酸钙、铬酸镁易溶于水外,其余碳酸盐、硫酸盐、草酸盐、磷酸盐和铬酸盐都是难溶的。钙、锶、钡的硫酸盐和铬酸盐的溶解度按Ca—Sr—Ba的顺序减小。利用这些盐类溶解度性质可以进行沉淀的分离和离子检出。

碱金属和钙、锶、钡的挥发性盐在氧化焰中灼烧时,能使火焰呈现特征颜色,称为焰色反应。例如,锂盐呈紫红色,钠盐呈黄色,钾、铷和铯盐呈紫色,钙盐呈砖红色,锶盐呈洋红色,钡盐呈黄绿色。利用焰色反应可定性鉴别这些离子的存在。

三、预习要求

5-2 离心分离操作示范

1. s区金属元素及其化合物的性质。

2. 焰色反应基本操作(二维码 5-1)。

四、仪器与试剂

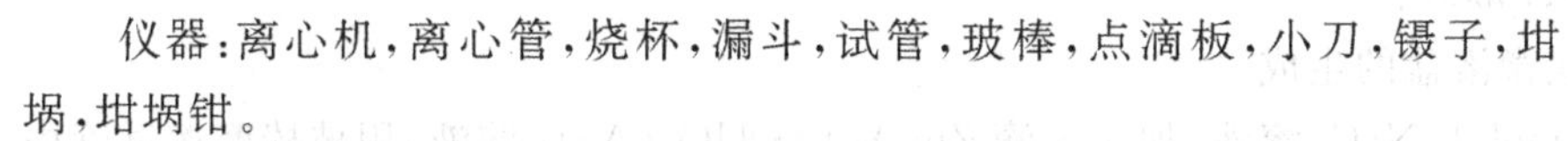

仪器:离心机,离心管,烧杯,漏斗,试管,玻棒,点滴板,小刀,镊子,坩埚,坩埚钳。

试剂:1mol/L H_2SO_4 溶液,1mol/L HCl溶液,2mol/L HCl溶液,6mol/L HCl溶液,浓 HNO_3,2mol/L HAc溶液,新配制的 2mol/L NaOH溶液,0.5mol/L LiCl溶液,1mol/L NaF溶液,1mol/L NaCl溶液,0.5mol/L Na_2SO_4 溶液,0.5mol/L Na_3PO_4 溶液,0.5mol/L Na_2CO_3 溶液,饱和 $Na_3[Co(NO_2)_6]$溶液,1mol/L KCl溶液,1mol/L K_2CrO_4 溶液,0.01mol/L $KMnO_4$ 溶液,饱和 NH_4Cl 溶液,饱和$(NH_4)_2C_2O_4$ 溶液,0.5mol/L $MgCl_2$ 溶液,0.5mol/L $CaCl_2$ 溶液,饱和 $CaSO_4$ 溶液,0.5mol/L $SrCl_2$ 溶液,0.5mol/L $BaCl_2$ 溶液,$Zn(Ac)_2 \cdot UO_2(Ac)_2$ 溶液,酚酞溶液,钠(s),钾(s),钙(s),镁条(s)。

材料:铂丝(或镍铬丝),pH试纸,钴玻璃,滤纸,砂纸。

五、实验内容

1. 钠、镁与氧作用

用镊子取一小块(绿豆大小)金属钠,用滤纸吸干其表面的煤油,观察新鲜表面的颜色及变化,置于坩埚中加热。一旦开始燃烧即停止加热,观察反应情况和产物的颜色、状态。冷却后,用玻棒轻轻捣碎产物,转移到一支小试管中,加入2mL水,检验管口有无氧气放出,冷却,用pH试纸测定溶液的酸碱性。以1mol/L H_2SO_4 溶液酸化溶液后,加1滴0.01mol/L $KMnO_4$ 溶液,观察紫色是否褪去。

取一根镁条,用砂纸除去表面氧化层,点燃,观察燃烧情况及产物的颜色、状态。

[思考题1] 如何检验管口有无氧气放出?

2. 钠、钾、镁、钙与水作用

分别取一小块(绿豆大小)金属钠和金属钾,用滤纸吸干表面煤油后,分别放入两只盛有半杯水的烧杯中,用大小合适的漏斗盖好,观察反应现象。反应完全后,滴入一滴酚酞溶液,检验溶液的酸碱性。

取两小段镁条,用砂纸除去表面氧化层后,分别投入盛有冷水和热水的两支试管中,比较两支试管中的反应情况,同时用酚酞检验溶液的酸碱性。

取一小块(绿豆大小)金属钙放入盛有冷水和两滴酚酞指示剂的试管中,观察现象。

[思考题2] 金属钠为什么应贮存在煤油中?金属钠与钾存放应该注意哪些问题?

[思考题3] 通过上述与水作用的方法,比较ⅠA族和ⅡA族元素化学活泼性。

3. 碱土金属氢氧化物的溶解性

在3支试管中,各加入0.5mL(约10滴)0.5mol/L $MgCl_2$ 溶液,再各滴加2mol/L NaOH溶液,观察生成沉淀的颜色,然后分别试验它与饱和 NH_4Cl 溶液、1mol/L HCl溶液、2mol/L NaOH溶液的作用。

另取两支试管,分别加入0.5mL 0.5mol/L $CaCl_2$ 溶液和0.5mol/L $BaCl_2$ 溶液,然

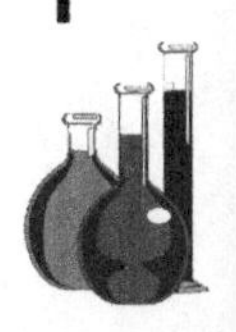

后各加入等体积的新配制的 2mol/L NaOH 溶液，观察反应产物的颜色和状态，比较两支试管中生成沉淀的量。

[思考题 4] 由实验结果比较碱土金属氢氧化物溶解度递变顺序，为什么在比较 $Ca(OH)_2$、$Ba(OH)_2$ 溶解度时，所用的 NaOH 溶液必须是新配制的？如何配制不含 CO_3^{2-} 的 NaOH 溶液？

4. 碱金属微溶盐的生成

取 1 滴 1mol/L NaCl 溶液，加入 8 滴 $Zn(Ac)_2 \cdot UO_2(Ac)_2$ 溶液，用玻棒摩擦试管内壁，观察现象。

取 1 滴 1mol/L KCl 溶液于点滴板上，加 2 滴饱和 $Na_3[Co(NO_2)_6]$ 试剂，观察现象。

5. 碱土金属难溶盐的生成和性质

(1)镁、钙、钡碳酸盐的生成和性质　取 3 支试管，分别加入 0.5mL 0.5mol/L $MgCl_2$、$CaCl_2$、$BaCl_2$ 溶液，然后各加入 1mL 0.5mol/L Na_2CO_3 溶液，观察现象，沉淀经离心分离后，分别与 2mol/L HAc 溶液及 2mol/L HCl 溶液反应，观察沉淀是否溶解。

(2)镁、钙、钡硫酸盐的生成和性质　取 3 支试管，分别加入 0.5mL 0.5mol/L $MgCl_2$、$CaCl_2$ 和 $BaCl_2$ 溶液，各滴加 1mL 0.5mol/L Na_2SO_4 溶液，观察反应产物的颜色和状态，沉淀经离心分离后，分别与浓 HNO_3 作用，观察现象。

取 2 支试管，分别加入 0.5mL 0.5mol/L $MgCl_2$ 和 $BaCl_2$ 溶液，然后滴加 3 滴饱和 $CaSO_4$，观察现象(如无沉淀，可用玻棒摩擦试管内壁)，比较镁、钙、钡硫酸盐溶解度的大小。

(3)镁、钙、钡草酸盐的生成和性质　取 3 支试管，分别加入 1mL 0.5mol/L $MgCl_2$、$CaCl_2$、$BaCl_2$ 溶液，滴加饱和 $(NH_4)_2C_2O_4$ 溶液，制得的沉淀经离心分离后，分别与 2mol/L HAc 溶液及 2mol/L HCl 溶液反应，观察现象。

(4)钙、锶、钡铬酸盐的生成和性质　取 3 支试管，分别加入 0.5mL 0.5mol/L $CaCl_2$、$SrCl_2$、$BaCl_2$ 溶液，然后各加入 0.5mL 1mol/L K_2CrO_4 溶液，观察沉淀是否生成。沉淀经离心分离后，分别与 2mol/L HAc 溶液及 2mol/L HCl 溶液反应，观察现象。

6. 锂盐、镁盐的相似性

在 3 支试管中，各加入 0.5mL 0.5mol/L LiCl 溶液，然后分别试验它与 1mol/L NaF 溶液、0.5mol/L Na_2CO_3 溶液、0.5mol/L Na_3PO_4 溶液的作用。

用 0.5mol/L $MgCl_2$ 溶液代替 0.5mol/L LiCl 溶液，试验它与 1mol/L NaF 溶液、0.5mol/L Na_2CO_3 溶液、0.5mol/L Na_3PO_4 溶液的作用。

7. 焰色反应

取一端弯成小圈的铂丝(或镍铬丝)，将铂丝蘸 6mol/L HCl 溶液后在无色火焰上灼烧(重复两三次)至无色，然后分别蘸以 0.5mol/L LiCl 溶液、1mol/L NaCl 溶液、1mol/L KCl 溶液、0.5mol/L $CaCl_2$ 溶液、0.5mol/L $SrCl_2$ 溶液、0.5mol/L $BaCl_2$ 溶液，在无色火焰中灼烧，观察火焰颜色(检验钾时要透过蓝色钴玻璃观察)。

[思考题 5] 检验钾时为什么要透过蓝色钴玻璃观察？

六、数据记录与处理

实验步骤	实验现象	结论及反应式

（任世斌编）

实验16　p区金属元素（铝、锡、铅、锑、铋）

一、实验目的

1. 试验并了解铝与非金属、水的反应。
2. 掌握p区常见金属元素氢氧化物的溶解度、酸碱性。
3. 了解p区常见金属元素硫化物的性质。
4. 了解锡、铅、锑、铋低价化合物的还原性和高价化合物的氧化性。
5. 了解难溶铅盐的性质。

二、实验原理

Al、Sn、Pb、Sb、Bi分别是周期表中ⅢA、ⅣA、ⅤA族中的金属元素，总称为p区金属元素。p区金属元素的价电子构型为$ns^2np^{1\sim4}$，内层为饱和结构，由于ns、np电子可同时成键，也可仅由np电子成键，因此它们在化合物中常有两种氧化态，且其氧化数相差2。一般而言，p区金属元素自上而下低氧化态化合物稳定性增强。

这些元素氢氧化物的酸碱性的变化规律为：

$Al(OH)_3$ （两性）	$Sn(OH)_2$ （两性）	$Sn(OH)_4$ （两性偏酸性）	$Sb(OH)_3$ （两性）	$HSb(OH)_6$ （两性偏酸性）
	$Pb(OH)_2$ （两性偏碱性）	$Pb(OH)_4$ （两性偏酸性）	$Bi(OH)_3$ （弱碱性）	$Bi_2O_5 \cdot H_2O$ （极不稳定）

Al^{3+}、Sn^{2+}、Sb^{3+}、Bi^{3+}的盐都易水解，因此在配制这些溶液时，为了防止水解作用，通常要加些相应的酸。

$$SnCl_2 + H_2O \longrightarrow Sn(OH)Cl\downarrow(白) + HCl$$
$$SbCl_3 + H_2O \longrightarrow SbOCl\downarrow(白) + 2HCl$$
$$Bi(NO_3)_3 + H_2O \longrightarrow BiONO_3\downarrow(白) + 2HNO_3$$

Al^{3+}在Na_2S溶液中不生成硫化物沉淀，因为Al_2S_3在水中完全水解，生成$Al(OH)_3$和H_2S。Sn^{2+}、Sn^{4+}、Pb^{2+}、Sb^{3+}、Bi^{3+}在Na_2S溶液中都能生成有颜色的难溶于水和稀HCl的硫化物，但这些硫化物能溶于较浓的HCl溶液。SnS_2、Sb_2S_3偏酸性，因此，它们可溶于过量的NaOH、Na_2S或$(NH_4)_2S$溶液中，据此性质，可令SnS_2、Sb_2S_3与PbS、Bi_2S_3等分离。有时，在Na_2S溶液中SnS也能溶解，这是因为经放置的Na_2S溶液中常常存在部分Na_2S_x，而S_x^{2-}具有氧化性，可将SnS氧化成SnS_3^{2-}而溶解，因此，欲分离SnS

和 SnS_2，需要用新配制的 Na_2S 溶液。

铅的许多盐难溶于水，但在热水、饱和 NH_4Ac 溶液、NaOH 溶液等中的溶解性如表 5-1 所示。其中，$PbCrO_4$ 的 K_{sp} 最小，又有特征颜色，故常用于鉴定 Pb^{2+}。

表 5-1　铅难溶盐的溶解情况

难溶盐	颜色	K_{sp}	热水	饱和 NH_4Ac 溶液	KI 溶液	6mol/L NaOH 溶液
$PbCl_2$	白	1.6×10^{-5}	溶解	—	—	—
$PbSO_4$	白	1.3×10^{-8}	—	溶解	—	—
PbI_2	黄	8.3×10^{-9}	溶解	—	溶解（$[PbI_4]^{2-}$）	
$PbCrO_4$	黄	2.8×10^{-13}	—	—	—	溶解（$[Pb(OH)_3]^-$）

在 p 区金属元素中，Sn^{2+} 具有较强的还原性，其中 $SnCl_2$ 是常见的还原剂。Pb^{4+}、Bi^{5+} 具有较强的氧化性，常以 PbO_2、$NaBiO_3$ 作氧化剂。

在酸性介质中，Sn^{2+} 与少量的 $HgCl_2$ 反应，可出现白色沉淀渐变灰黑的现象，据此反应，可鉴定 Sn^{2+} 与 Hg^{2+}。

$$SnCl_2+2HgCl_2 \longrightarrow SnCl_4+Hg_2Cl_2\downarrow(白)$$

$$SnCl_2+Hg_2Cl_2 \longrightarrow SnCl_4+2Hg\downarrow(黑)$$

$Sn(OH)_4^{2-}$ 也可以作还原剂与 Bi^{3+} 离子反应，生成黑色的 Bi 沉淀，据此反应，可鉴定 Bi^{3+}。

$$3Sn(OH)_4^{2-}+2Bi^{3+}+6OH^- \longrightarrow 3[Sn(OH)_6]^{2-}+2Bi\downarrow(黑)$$

$NaBiO_3$ 和 PbO_2 在酸性介质中是强氧化剂，可以将 Mn^{2+} 氧化成 MnO_4^-，根据溶液中 MnO_4^- 显现的紫红色特征的出现可以鉴定 Mn^{2+}。

$$2Mn^{2+}+5NaBiO_3+14H^+ \longrightarrow 2MnO_4^-+5Na^++5Bi^{3+}+7H_2O$$

$$2Mn^{2+}+5PbO_2+4H^+ \longrightarrow 2MnO_4^-+5Pb^{2+}+2H_2O$$

三、预习要求

p 区金属元素及其化合物的性质。

四、仪器与试剂

仪器：离心机，离心管，小烧杯，蒸发皿，点滴板，坩埚，坩埚钳。

试剂：浓 H_2SO_4，2mol/L HCl 溶液，6mol/L HCl 溶液，浓 HCl，6mol/L HNO_3 溶液，6mol/L HAc 溶液，新配制的 2mol/L NaOH 溶液，6mol/L NaOH 溶液，0.1mol/L Na_2SO_4 溶液，0.5mol/L Na_2S 溶液，饱和 NaAc 溶液，0.1mol/L KI 溶液，0.5mol/L $AlCl_3$ 溶液，0.5mol/L $SnCl_4$ 溶液，0.5mol/L $SnCl_2$ 溶液，0.5mol/L $Pb(NO_3)_2$ 溶液，0.5mol/L $SbCl_3$ 溶液，0.5mol/L $Bi(NO_3)_3$ 溶液，0.5mol/L Na_2CrO_4 溶液，0.5mol/L $MnSO_4$ 溶液，0.2mol/L $HgCl_2$ 溶液，PbO_2(s)，$NaBiO_3$(s)，酚酞溶液，镁条(s)，铝片(s)，铝粉(s)，锡片(s)，硫粉(s)，碘(s)。

材料：砂纸，棉花（或滤纸）。

五、实验内容

1. 金属铝与非金属(氧、硫、碘)、水反应

(1)铝在空气中氧化以及与水的反应　取一小片铝片，用砂纸擦去表面氧化物，放入盛少量冷水的试管中，观察反应现象。再加热煮沸，观察又有何现象发生。用酚酞检验产物酸碱性。

另取一小片铝片，擦净后在其上滴加2滴0.2mol/L $HgCl_2$ 溶液，观察产物颜色和状态。用棉花或滤纸将液体擦干后，将此金属置于空气中，观察长出的白色铝毛。再将铝片置于盛水试管中，观察氢气的放出，如反应缓慢可将试管加热，观察反应现象。

(2)硫化铝的生成和铝盐的水解　将0.2g铝粉和0.5g硫粉仔细地混合均匀后放在坩埚中，用镁条引燃。燃完后立即用盖子将坩埚盖起来。取少量灰黄色的产物放在小烧杯中，加入少量水，观察现象。

取约1mL 0.5mol/L $AlCl_3$ 溶液，在坩埚中蒸发至干，再用大火灼烧，放置冷却后，注入1mL水，微热，观察固体是否溶解。

[思考题1]　$AlCl_3$ 溶液蒸干、灼烧后的产物是不是无水三氯化铝？

(3)金属铝与碘的反应　将0.1g铝粉和1.2g碘的干燥混合物放在大石棉网中心，堆成一小堆，加几滴水，观察实验现象。

2. 铝、锡、铅、锑、铋氢氧化物的溶解性

在6支离心管中，分别加入浓度均为0.5mol/L的 $AlCl_3$、$SnCl_2$、$SnCl_4$、$Pb(NO_3)_2$、$SbCl_3$、$Bi(NO_3)_3$ 溶液各0.5mL，然后在每支试管中加入等体积新配制的2mol/L NaOH溶液，观察沉淀的生成。

将以上沉淀分成2份，分别加入6mol/L NaOH溶液和6mol/L HCl(或 HNO_3)溶液，观察沉淀是否溶解。保留亚锡酸钠溶液，供下面实验使用。

[思考题2]　试验 $Pb(OH)_2$ 与酸的作用，应选用什么酸？是否可用2mol/L HCl溶液？

[思考题3]　实验室中配制 $SnCl_2$ 溶液，往往既加HCl又加锡粒，为什么？

3. 铝、锡、铅、锑、铋硫化物的性质

在6支离心管中，各加入5滴0.5mol/L $AlCl_3$、$SnCl_2$、$SnCl_4$、$Pb(NO_3)_2$、$SbCl_3$、$Bi(NO_3)_3$ 溶液，再各自逐滴加入0.5mol/L Na_2S 溶液，观察沉淀颜色。离心分离、弃去上层清液，用少量蒸馏水洗涤沉淀，再离心分离，分别试验沉淀与2mol/L HCl溶液、浓HCl和0.5mol/ L Na_2S 溶液的作用。

[思考题4]　比较 SnS、SnS_2、PbS、Sb_2S_3、Bi_2S_3 在酸、碱中及 Na_2S 水溶液中反应的异同点。与氧化物比较在性质上有何异同？

4. 铅的难溶化合物

(1)$PbCl_2$ 的生成和性质　在盛有0.5mL蒸馏水的试管中，加入5滴0.5mol/L $Pb(NO_3)_2$ 溶液，再滴入2mol/L HCl溶液，观察生成沉淀的颜色。微热试管，沉淀是否溶解？静置冷却后，沉淀是否又出现？弃去溶液，于沉淀中滴加浓HCl，沉淀是否溶解？

(2)PbI_2 的生成和性质　在盛有0.5mL蒸馏水的试管中，滴入5滴0.5mol/L $Pb(NO_3)_2$ 溶液，加入0.1mol/L KI溶液，即得橙黄色 PbI_2 沉淀，试验其在热水中的溶解情况。

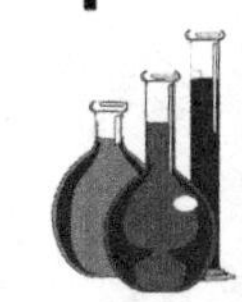

(3)$PbSO_4$ 的生成和性质　取 3 支离心管，各加入 5 滴 0.5mol/L $Pb(NO_3)_2$ 溶液，再分别加入 3 滴 0.1mol/L Na_2SO_4 溶液，观察生成的沉淀的颜色。离心分离，弃去上层清液，用少量蒸馏水洗涤沉淀，再离心分离，分别试验沉淀与浓 H_2SO_4、6mol/L NaOH 溶液及饱和 NaAc 溶液的作用。

(4)$PbCrO_4$ 的生成和性质　在离心管中加入 5 滴 0.5mol/L $Pb(NO_3)_2$ 溶液，再滴加 3 滴 0.5mol/L Na_2CrO_4 溶液，观察生成沉淀的颜色。离心分离，弃去上层清液，用少量蒸馏水洗涤沉淀，再离心分离，在沉淀上滴加 6mol/L NaOH 溶液，至沉淀刚好溶解，再加 6mol/L HAc 溶液酸化，观察实验现象。

[**思考题 5**]　$PbCrO_4$ 沉淀上滴加 6mol/L NaOH 溶液，沉淀为什么溶解？

[**思考题 6**]　用 $Pb(NO_3)_2$ 和 HCl 溶液制取 $PbCl_2$ 沉淀，是否 HCl 溶液加得愈多，$PbCl_2$ 沉淀愈完全？

5. 锡、铅、锑、铋的氧化还原性质

(1)Sn^{2+} 的还原性　取 1 滴 0.2mol/L $HgCl_2$ 溶液，逐滴加入 0.5mol/L $SnCl_2$ 溶液，观察沉淀颜色。继续滴加过量 $SnCl_2$，且放置一段时间，沉淀颜色有无变化？

在上面实验制得的亚锡酸钠溶液中，加入几滴 0.5mol/L $Bi(NO_3)_3$ 溶液，观察现象。

(2)Pb^{4+} 的氧化性　在试管中加 1 滴 0.5mol/L $MnSO_4$ 溶液和 1mL 6mol/L HNO_3 溶液，再加少量 PbO_2 固体，加热反应物，观察溶液颜色变化。

(3)Sb^{3+} 的氧化性　在点滴板上放一小片光亮的锡片，然后滴加 1 滴 0.5mol/L $SbCl_3$ 溶液，观察锡片表面的变化。

(4)Bi^{5+} 的氧化性　在试管中加 1 滴 0.5mol/L $MnSO_4$ 溶液和 10 滴 6mol/L HNO_3 溶液，再加少量 $NaBiO_3$ 固体，微热，观察现象。

[**思考题 7**]　比较 Sn^{2+}、Pb^{2+} 的还原性和 Sn^{4+}、Pb^{4+} 的氧化性。

[**思考题 8**]　PbO_2 与浓 HCl 反应的产物是什么？写出其反应方程式。

六、数据记录与处理

实验步骤	实验现象	结论及方程式

（任世斌编）

实验 17　ds 区金属元素（铜、银、锌、镉、汞）

一、实验目的

1. 掌握 Cu、Ag、Zn、Cd、Hg 的氢氧化物（或氧化物）的酸碱性和稳定性。
2. 掌握 Cu、Ag、Zn、Cd、Hg 的配位能力及重要配合物的性质。
3. 掌握 Cu^+ 和 Cu^{2+}、Hg^+ 和 Hg^{2+} 的相互转化条件。

二、实验原理

ds 区元素包括ⅠB 族的 Cu、Ag、Au 和ⅡB 族的 Zn、Cd、Hg 六种元素，价电子构型为 $(n-1)d^{10}ns^{1\sim2}$。它们的许多性质与 d 区元素相似，除能形成一些重要化合物外，最大特点是其离子具有 18 电子构型及较强的极化力和变形性，易形成配合物。Cu、Zn、Cd、Hg 常见氧化数为 +2，Ag 为 +1，Cu 与 Hg 的氧化数还有 +1，但 +1 价态的 Hg 通常以双聚离子 Hg_2^{2+} 的形式存在，如 Hg_2Cl_2。

Ag^+、Hg^{2+}、Hg_2^{2+} 与适量 NaOH 反应时，产物是氧化物，这是由于它们的氢氧化物极不稳定，在常温下易脱水所致。Cu^{2+}、Zn^{2+}、Cd^{2+} 与适量 NaOH 反应时产物是氢氧化物，$Cu(OH)_2$ 不稳定，加热至 90℃ 时脱水产生黑色 CuO。$Cu(OH)_2$ 呈较弱的两性（偏碱），$Zn(OH)_2$ 呈两性，而 $Cd(OH)_2$ 为碱性。

Cu^{2+}、Cu^+、Ag^+、Zn^{2+}、Cd^{2+}、Hg^{2+} 等离子都有较强的接受配体的能力，能与多种配体（如 X^-、CN^-、$S_2O_3^{2-}$、SCN^-、NH_3）形成配离子。

Cu^{2+}、Ag^+、Zn^{2+}、Cd^{2+} 与过量的 $NH_3 \cdot H_2O$ 反应时，均生成氨的配离子。而 Hg^{2+}、Hg_2^{2+} 则生成白色难溶盐沉淀。

$$HgCl_2 + 2NH_3 \cdot H_2O \longrightarrow HgNH_2Cl\downarrow + NH_4Cl + 2H_2O$$

$$2Hg_2(NO_3)_2 + 4NH_3 \cdot H_2O \longrightarrow HgO \cdot HgNH_2NO_3\downarrow + 2Hg\downarrow + 3NH_4NO_3 + 3H_2O$$

Cu^{2+}、Cu^+、Ag^+、Zn^{2+}、Cd^{2+}、Hg^{2+}、Hg_2^{2+} 与过量 KI 反应时，除 Zn^{2+} 以外，均与 I^- 形成配离子。由于 Cu^{2+} 的氧化性，Cu^{2+} 与过量 KI 反应的产物是 Cu^+ 的配离子 $[CuI_2]^-$。Hg_2^{2+} 较稳定，而 Hg^+ 配离子易歧化，因此，Hg_2^{2+} 与过量 KI 反应的产物是 $[HgI_4]^{2-}$ 配离子，它与 NaOH 的混合液为奈斯勒试剂，可用于鉴定 NH_4^+。

$$NH_4^+ + 2[HgI_4]^{2-} + 4OH^- \longrightarrow \left[\begin{array}{ccc} & Hg & \\ O & & NH_2 \\ & Hg & \end{array}\right]I\downarrow(\text{红褐色}) + 7I^- + 3H_2O$$

Cu^{2+}、Ag^+、Zn^{2+}、Cd^{2+}、Hg^{2+}、Hg_2^{2+} 分别与 $NH_3 \cdot H_2O$、KI 反应的产物及颜色见表 5-2。

表 5-2　Cu^{2+}、Ag^+、Zn^{2+}、Cd^{2+}、Hg^{2+}、Hg_2^{2+} 分别与 $NH_3 \cdot H_2O$、KI 反应的产物及颜色

离子	Cu^{2+}	Ag^+	Zn^{2+}	Cd^{2+}	Hg^{2+}	Hg_2^{2+}
与适量 $NH_3 \cdot H_2O$ 作用	$Cu_2(OH)_2SO_4$ 蓝色	Ag_2O 褐色	$Zn(OH)_2$ 白色	$Cd(OH)_2$ 白色	HgO 黄色	$HgO \cdot HgNH_2X + Hg$ 灰色
与过量 $NH_3 \cdot H_2O$ 作用	$[Cu(NH_3)_4]^{2+}$ 深蓝	$[Ag(NH_3)_2]^+$ 无色	$[Zn(NH_3)_4]^{2+}$ 无色	$[Cd(NH_3)_4]^{2+}$ 无色	$HgNH_2Cl$ 黄色	—
与适量 KI 作用	$CuI + I_2$ 白色	AgI 黄色	—	CdI_2 绿黄色	HgI_2 橙红色	Hg_2I_2 黄绿色
与过量 KI 作用	$[CuI_2]^-$	$[AgI_2]^-$	—	$[CdI_4]^{2-}$	$[HgI_4]^{2-}$ 无色	$[HgI_4]^{2-} + Hg$

铜盐与过量Cl^-反应，能形成黄绿色$[CuCl_4]^{2-}$配离子。

$$Cu^{2+}+4Cl^- \longrightarrow [CuCl_4]^{2-}$$

银盐与过量$Na_2S_2O_3$反应，形成无色$[Ag(S_2O_3)_2]^{3-}$配离子。

$$Ag^+ +2S_2O_3^{2-} \longrightarrow [Ag(S_2O_3)_2]^{3-}$$

有机物二苯硫腙（HDZ）（绿色），在碱性条件下与Zn^{2+}反应，生成粉红色的$[Zn(DZ)_2]$，常用来鉴定Zn^{2+}的存在。

$$Zn^{2+}+2HDZ \longrightarrow [Zn(DZ)_2]+2H^+$$

Hg^{2+}与过量KSCN反应，生成$[Hg(SCN)_4]^{2-}$配离子。

$$Hg^{2+}+2SCN^- \longrightarrow Hg(SCN)_2\downarrow\text{（白色）}$$

$$Hg(SCN)_2+2SCN^- \longrightarrow [Hg(SCN)_4]^{2-}$$

$[Hg(SCN)_4]^{2-}$与Co^{2+}反应，生成蓝紫色的$Co[Hg(SCN)_4]$，可用来鉴定Co^{2+}；与Zn^{2+}反应，生成白色的$Zn[Hg(SCN)_4]$，可用来鉴定Zn^{2+}的存在。

Cu^{2+}、Ag^+、Hg^{2+}、Hg_2^{2+}的化合物均具有氧化性。Cu^{2+}能与I^-反应，生成白色的CuI沉淀，CuI能溶于过量KI中形成配离子。在碱性介质中，Cu^{2+}与醛类或某些糖类共煮，还原成Cu_2O红色沉淀。

$$2Cu^{2+}+4I^- \longrightarrow 2CuI\downarrow\text{（白色）}+I_2$$

$$2Cu^{2+}+4OH^-\text{（过量）}+C_6H_{12}O_6 \longrightarrow Cu_2O\downarrow\text{（红色）}+2H_2O+C_6H_{12}O_7$$

银盐溶液中加入过量$NH_3\cdot H_2O$，再与葡萄糖或甲醛反应，Ag^+被还原为金属银，此反应称“银镜反应”。

$$Ag^+ +2NH_3\cdot H_2O\text{（过量）} \longrightarrow [Ag(NH_3)_2]^+ +2H_2O$$

$$2[Ag(NH_3)_2]^+ +C_6H_{12}O_6+2OH^- \longrightarrow 2Ag+C_6H_{12}O_7+4NH_3+H_2O$$

Hg^{2+}与少量$SnCl_2$反应，得到白色的Hg_2Cl_2沉淀，继续与Sn^{2+}反应，Hg_2Cl_2可以进一步被还原为黑色的Hg。此反应常用来鉴定Hg^{2+}或Sn^{2+}。

$$2HgCl_2+SnCl_2\text{（适量）} \longrightarrow Hg_2Cl_2\downarrow\text{（白）}+SnCl_4$$

$$Hg_2Cl_2+SnCl_2\text{（过量）} \longrightarrow 2Hg\downarrow\text{（黑）}+SnCl_4$$

在水溶液中Cu^+不稳定，易歧化为Cu^{2+}和Cu。$CuCl_2$溶液中加入Cu屑，与浓HCl共煮得到棕黄色$[CuCl_2]^-$配离子。加水稀释时，可得到白色的CuCl沉淀。

$$CuCl_2+Cu(s)+2HCl\text{（浓）} \longrightarrow 2H[CuCl_2]\text{（棕黄色）}$$

三、预习要求

1. ds区金属元素氢氧化物以及配合物性质。

2. Cu^+和Cu^{2+}、Hg^+和Hg^{2+}的相互转化条件。

四、仪器与试剂

仪器：离心机，离心管，小烧杯，酒精灯，铁架台，石棉网，滴管。

试剂：2mol/L HCl溶液，浓HCl，2mol/L NaOH溶液，6mol/L NaOH溶液，40% NaOH溶液，6mol/L氨水，浓氨水，0.1mol/L NaCl溶液，0.1mol/L NaBr溶液，0.1mol/L $Na_2S_2O_3$溶液，0.1mol/L Na_2S溶液，0.1mol/L KI溶液，饱和KI溶液，0.1mol/L NH_4Cl溶液，0.1mol/L $CuSO_4$溶液，1mol/L $CuCl_2$溶液，0.1mol/L $AgNO_3$溶液，0.1mol/L

$ZnSO_4$溶液，0.1mol/L $CdSO_4$ 溶液，0.1mol/L $Hg(NO_3)_2$溶液，0.1mol/L $Hg_2(NO_3)_2$ 溶液，0.1mol/L $SnCl_2$ 溶液，10%葡萄糖溶液，铜屑(s)，汞。

五、实验内容

1. Cu^{2+}、Ag^{+}、Zn^{2+}、Cd^{2+}、Hg^{2+}、Hg_2^{2+} 与 NaOH 反应及其氢氧化物性质

分别取 10 滴 0.1mol/L $CuSO_4$、$AgNO_3$、$ZnSO_4$、$CdSO_4$、$Hg(NO_3)_2$、$Hg_2(NO_3)_2$，于试管中，然后加入 2mol/L NaOH 溶液，观察实验现象，记录沉淀颜色。将每个试管中沉淀分为两份，一份继续加入 2mol/L NaOH 溶液直至过量；另一份加 2mol/L HCl 溶液，观察实验现象。

取 5 滴 0.1mol/L $CuSO_4$ 溶液，制备相应的氢氧化物，离心分离，弃去溶液，将沉淀加热，试验其热稳定性。

[思考题 1] 总结 Cu^{2+}、Ag^{+}、Zn^{2+}、Cd^{2+}、Hg^{2+}、Hg_2^{2+} 与 NaOH 反应所得产物的颜色、酸碱性和热稳定性。

2. Cu^{2+}、Ag^{+}、Zn^{2+}、Cd^{2+}、Hg^{2+}、Hg_2^{2+} 与氨水反应及其氨合物性质

分别取 5 滴 0.1mol/L $CuSO_4$、$AgNO_3$、$ZnSO_4$、$CdSO_4$、$Hg(NO_3)_2$、$Hg_2(NO_3)_2$ 溶液于试管中，然后逐滴加入 6mol/L 氨水，记录产生沉淀的颜色并试验沉淀是否溶于过量氨水。若溶解，再加入 2 滴 2mol/L NaOH 溶液，观察是否有沉淀产生。

[思考题 2] 总结 Cu^{2+}、Ag^{+}、Zn^{2+}、Cd^{2+}、Hg^{2+}、Hg_2^{2+} 与氨水作用的情况。

3. Cu^{2+}、Ag^{+}、Hg^{2+}、Hg_2^{2+} 与 KI 反应

分别取 5 滴 0.1mol/L $CuSO_4$、$AgNO_3$、$Hg(NO_3)_2$、$Hg_2(NO_3)_2$ 溶液于离心管中，然后逐滴加入 0.1mol/L KI 溶液，若有沉淀，观察沉淀颜色，离心分离后取出清液，检查是否有 I_2 产生。于沉淀上加饱和 KI，又有何现象？

在上述含$[HgI_4]^{2-}$配离子的溶液中，加入数滴 40% NaOH 溶液，再加 2 滴 0.1mol/L NH_4Cl 溶液，观察现象。

[思考题 3] 在 $CuSO_4$ 溶液中加入 NaCl 溶液能产生白色 CuCl 沉淀吗？为什么？

[思考题 4] 如何检查产生的碘？

4. Cu^{+}与 Cu^{2+}的相互转化

取 5mL 1mol/L $CuCl_2$ 溶液，加少量铜屑和 3mL 浓 HCl，加热至沸，待溶液呈深棕色，用滴管取几滴溶液于少量蒸馏水中，至有白色沉淀时，将棕色溶液全部倾入盛有 100mL 蒸馏水的烧杯中，观察白色沉淀的生成。静置，用倾析法洗涤白色沉淀两次，用滴管取沉淀，分成两份，一份加入 3mL 浓 HCl 中，另一份加到 3mL 浓氨水中，观察有何变化，并将溶液置于空气中观察颜色的变化。

[思考题 5] 溶液中的深棕色物质是什么？加入蒸馏水后发生了什么反应？

[思考题 6] 制备 CuCl 时，除了 $CuCl_2$ 和 Cu 屑外，加浓 HCl 的目的是什么？能否用其他物质代替？

[思考题 7] 固体 CuCl 溶于浓氨水后，形成什么颜色的溶液？放置一段时间后会变成蓝色溶液，为什么？

取 1mL 0.1mol/L $CuSO_4$ 溶液，加入过量 6mol/L NaOH 溶液，使蓝色沉淀溶解，再

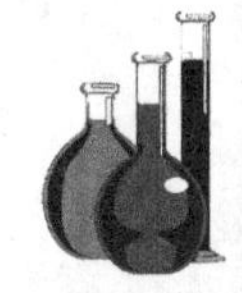

往此溶液中加入1mL 10%葡萄糖溶液，振荡，微热，观察沉淀的颜色。

[思考题8] Cu^{+}稳定存在的条件是什么？

5. Ag^{+}的沉淀与配合物转化系列实验

取0.5mL 0.1mol/L $AgNO_3$溶液，加入等体积0.1mol/L NaCl溶液，静置片刻，产生AgCl沉淀。离心分离，弃去清液，在沉淀中加入6mol/L氨水，使沉淀溶解形成$[Ag(NH_3)_2]^{+}$溶液。在上述溶液中加入数滴0.1mol/L NaBr溶液，静置片刻，产生AgBr沉淀。离心分离，弃去清液，在沉淀中加入0.1mol/L $Na_2S_2O_3$使沉淀溶解形成$[Ag(S_2O_3)_2]^{3-}$溶液。在上述溶液中加入数滴0.1mol/L KI溶液，静置片刻，产生AgI沉淀。离心分离，弃去清液，在沉淀中加入饱和KI溶液使沉淀溶解形成$[AgI_2]^{-}$溶液。在上述溶液中加入数滴0.1mol/L Na_2S溶液，最后产生Ag_2S沉淀。

6. Hg^{+}和Hg^{2+}的相互转化

在5滴0.1mol/L $Hg(NO_3)_2$溶液中，逐滴加入0.1mol/L $SnCl_2$溶液(由适量到过量)，观察现象。

在1mL 0.1mol/L $Hg(NO_3)_2$溶液中，滴入1滴金属汞，充分振荡。用滴管把清液转入另一支试管中(余下的汞要回收)，加入0.1mol/L NaCl溶液，观察现象。

[思考题9] 使用汞时应注意什么？为什么汞要用水封存？

六、数据记录与处理

实验步骤	实验现象	结论及反应式

(任世斌编)

实验18 d区金属元素(铬、锰、铁、钴、镍)

一、实验目的

1. 试验并掌握铬、锰主要氧化态化合物的重要性质及各氧化态之间相互转化的条件。

2. 试验并掌握二价铁、钴、镍的还原性和三价铁、钴、镍的氧化性。

3. 试验并掌握铁、钴、镍的配合物的生成及性质。

5-3 d区金属元素微课

二、实验原理

位于周期表中第四周期的Sc～Ni称为第一过渡系元素。第一过渡系元素铬、锰、铁、钴、镍是最常见的重要元素。

铬为周期表中ⅥB族元素，最常见的是+3价和+6价氧化态的化合物。

+3 价铬盐容易水解，其氢氧化物呈两性，碱性溶液中的+3 价氧化态铬以 CrO_2^- 形式存在，易被强氧化剂（如 Na_2O_2 或 H_2O_2）氧化为黄色的铬酸盐。

$$2CrO_2^- + 3H_2O_2 + 2OH^- \longrightarrow 2CrO_4^{2-} + 4H_2O$$

常见+6 价氧化态的铬化合物是铬酸盐和重铬酸盐，它们的水溶液中存在着下列平衡：

$$2CrO_4^{2-} + 2H^+ \rightleftharpoons Cr_2O_7^{2-} + H_2O$$

除了加酸、加碱条件下可使上述平衡发生移动外，向 $Cr_2O_7^{2-}$ 溶液中加入 Ba^{2+}、Ag^+、Pb^{2+} 时，根据平衡移动规则，可得到铬酸盐沉淀。

$$2Ba^{2+} + Cr_2O_7^{2-} + H_2O \longrightarrow 2BaCrO_4\downarrow(\text{黄色}) + 2H^+$$

$$4Ag^+ + Cr_2O_7^{2-} + H_2O \longrightarrow 2Ag_2CrO_4\downarrow(\text{砖红色}) + 2H^+$$

$$2Pb^{2+} + Cr_2O_7^{2-} + H_2O \longrightarrow 2PbCrO_4\downarrow(\text{黄色}) + 2H^+$$

重铬酸盐是强氧化剂，易被还原成+3 价铬（Cr^{3+} 溶液为绿色或蓝色）。

锰为周期表ⅦB 族元素，最常见的是+2、+4、+7 价氧化态的化合物。

+2 价态锰化合物在碱性介质中形成 $Mn(OH)_2$。$Mn(OH)_2$ 为白色碱性氢氧化物，溶于酸及酸性盐溶液中，在空气中易被氧化，逐渐变成棕色 MnO_2 的水合物 $MnO(OH)_2$。

$$2Mn(OH)_2 + O_2 \longrightarrow 2MnO(OH)_2(\text{棕色})$$

+2 价态锰化合物在酸性介质中比较稳定，与强氧化剂（如 $NaBiO_3$、PbO_2、$S_2O_8^{2-}$ 等）作用时，可生成紫红色 MnO_4^-，这个反应常用来鉴别 Mn^{2+}。

$$5NaBiO_3 + 2Mn^{2+} + 14H^+ \longrightarrow 2MnO_4^- + 5Bi^{3+} + 5Na^+ + 7H_2O$$

MnO_2 是重要的+4 价锰化合物，它可由 MnO_4^- 与 Mn^{2+} 在中性介质中反应而得到。

$$2MnO_4^- + 3Mn^{2+} + 2H_2O \longrightarrow 5MnO_2\downarrow + 4H^+$$

MnO_2 在酸性介质中是一种强氧化剂；在碱性介质中，MnO_2 可以与 MnO_4^- 生成绿色的 MnO_4^{2-}。

$$2MnO_4^- + MnO_2 + 4OH^- \longrightarrow 3MnO_4^{2-} + 2H_2O$$

MnO_4^- 是一种强氧化剂，它的还原产物随介质的不同而不同。在酸性介质中，被还原成 Mn^{2+}，溶液变为近似无色；在中性介质中，被还原成棕色沉淀 MnO_2；在碱性介质中，被还原成 MnO_4^{2-}，溶液为绿色。

铁、钴、镍是周期表Ⅷ族元素，统称为铁系元素，常见氧化态为+2、+3。

铁、钴、镍+2 价氢氧化合物显碱性，它们有不同的颜色。$Fe(OH)_2$ 呈白色或苍绿色；$Co(OH)_2$ 呈粉红色；$Ni(OH)_2$ 呈浅绿色。它们被 O_2、H_2O_2 等氧化剂氧化的情况按 $Fe(OH)_2$—$Co(OH)_2$—$Ni(OH)_2$ 的顺序由易到难。如空气中的氧可使 $Fe(OH)_2$ 迅速转变成红棕色的 $Fe(OH)_3$（有从泥黄色到红棕色的各种中间产物）；$Co(OH)_2$ 则缓慢地被氧化成褐色的 $Co(OH)_3$；$Ni(OH)_2$ 与氧则不起作用。

$$4Fe(OH)_2 + O_2 + 2H_2O \longrightarrow 4Fe(OH)_3$$

铁、钴、镍都能生成不溶于水的+3 价氧化物和相应的氢氧化物。$Fe(OH)_3$ 与酸反应，生成+3 价的铁盐；而 $Co(OH)_3$ 和 $Ni(OH)_3$ 与浓 HCl 反应时，不能生成相应的+3 价盐，因为它们的+3 价盐极不稳定，很易分解成为+2 价盐，并放出氯气，显示强氧化性。

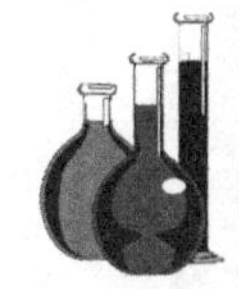

$$2M(OH)_3+6HCl(浓)\longrightarrow 2MCl_2+Cl_2+6H_2O \quad (M为Co、Ni)$$

+2 价和+3 价的铁盐在溶液中易水解。+2 价铁离子是还原剂，而+3 价铁离子是弱的氧化剂。铁、钴、镍的盐大部分是有颜色的。在水溶液中，Fe^{2+} 呈浅绿色；Co^{2+} 呈粉红色；Ni^{2+} 呈亮绿色。

铁系元素是很好的配合物的形成体，能形成多种配合物，常见的有氨的配合物。Fe^{2+}、Co^{2+}、Ni^{2+} 与 NH_3 能形成配离子，它们的稳定性依次递增。

在无水状态下，$FeCl_2$ 与浓 NH_3 形成$[Fe(NH_3)_6]Cl_2$，此配合物不稳定，遇水即分解。

$$[Fe(NH_3)_6]Cl_2+6H_2O\longrightarrow Fe(OH)_2\downarrow+4NH_3\cdot H_2O+2NH_4Cl$$

Co^{2+} 与过量氨水作用，生成$[Co(NH_3)_6]^{2+}$ 配离子，该配离子不稳定，放置在空气中立即被氧化成$[Co(NH_3)_6]^{3+}$。

$$Co^{2+}+6NH_3\cdot H_2O\longrightarrow[Co(NH_3)_6]^{2+}+6H_2O$$

$$4[Co(NH_3)_6]^{2+}+O_2+2H_2O\longrightarrow 4[Co(NH_3)_6]^{3+}+4OH^-$$

Ni^{2+} 与过量氨水反应，生成浅蓝色$[Ni(NH_3)_6]^{2+}$ 配离子。

$$Ni^{2+}+6NH_3\cdot H_2O\longrightarrow[Ni(NH_3)_6]^{2+}+6H_2O$$

铁系元素还有一些配合物，不仅很稳定，而且具有特殊颜色。可利用铁系元素所形成化合物的特征颜色来鉴定 Fe^{3+}、Fe^{2+}、Co^{2+} 和 Ni^{2+}。

Fe^{3+}、Co^{2+} 与 SCN^- 作用，分别生成血红色$[Fe(NCS)_n]^{3-n}$ 和蓝色$[Co(NCS)_4]^{2-}$ 配离子。

$$Fe^{3+}+nSCN^-\longrightarrow[Fe(NCS)_n]^{3-n}(n=1\sim6)$$

$$Co^{2+}+4SCN^-\longrightarrow[Co(NCS)_4]^{2-}$$

当 Co^{2+} 溶液中混有少量 Fe^{3+} 时，会干扰 Co^{2+} 的检出，可采用加掩蔽剂 NH_4F（或 NaF）的方法，令 F^- 与 Fe^{3+} 结合形成更稳定且无色的配离子$[FeF_6]^{3-}$，将 Fe^{3+} 离子掩蔽起来，从而消除 Fe^{3+} 的干扰。

$$[Fe(NCS)_n]^{3-n}+6F^-\longrightarrow[FeF_6]^{3-}+nSCN^-$$

三、预习要求

铬、锰、铁、钴、镍化合物的重要性质。

四、仪器与试剂

仪器：离心机，离心管，试管，长滴管，酒精灯，铁架台，石棉网，水浴锅（或烧杯）。

试剂：2mol/L H_2SO_4 溶液，2mol/L HCl 溶液，6mol/L HCl 溶液，浓 HCl，2mol/L HNO_3 溶液，饱和 H_2S 溶液，2mol/L NaOH 溶液，6mol/L NaOH 溶液，2mol/L 氨水，6mol/L 氨水，0.1mol/L KSCN 溶液，2mol/L NH_4Cl 溶液，1mol/L NH_4F 溶液，0.1mol/L $BaCl_2$ 溶液，0.1mol/L $CrCl_3$ 溶液，0.1mol/L $K_2Cr_2O_7$ 溶液，0.1mol/L $MnSO_4$ 溶液，0.1mol/L $KMnO_4$ 溶液，0.1mol/L $FeCl_3$ 溶液，0.5mol/L $FeSO_4$ 溶液，新配制的 0.1mol/L $(NH_4)_2Fe(SO_4)_2$ 溶液，0.1mol/L $CoCl_2$ 溶液，0.1mol/L $NiSO_4$ 溶液，0.1mol/L $Pb(NO_3)_2$ 溶液，0.1mol/L $AgNO_3$ 溶液，3% H_2O_2 溶液，碘水，新配制的氯水，戊醇，乙醚，$NaBiO_3(s)$，KSCN(s)，$Na_2SO_3(s)$，$MnO_2(s)$，$FeSO_4\cdot 7H_2O(s)$。

材料：淀粉-碘化钾试纸。

五、实验内容

1. 铬的化合物

(1)$Cr(OH)_3$ 的生成和性质　在 2 支试管中分别加入 0.5mL 0.1mol/L $CrCl_3$ 溶液，逐滴加入 6mol/L NaOH 溶液，观察沉淀的颜色。将沉淀分别与酸、碱反应，观察溶液的颜色。

(2)Cr^{3+} 的还原性　在试管中加入 0.5mL 0.1mol/L $CrCl_3$ 溶液，并用 2 滴 6mol/L HCl 溶液酸化，再加入 5 滴 3% H_2O_2 溶液，微热，观察溶液颜色的变化。用 6mol/L NaOH 溶液代替 6mol/L HCl 溶液，重复上述操作，观察溶液颜色的变化。

(3)CrO_4^{2-} 与 $Cr_2O_7^{2-}$ 间的相互转化　在试管中加入 0.5mL 0.1mol/L $K_2Cr_2O_7$ 溶液，滴入 5 滴 2mol/L NaOH 溶液，观察溶液颜色变化，再滴入 5 滴 2mol/L H_2SO_4 溶液酸化，观察溶液颜色变化。

(4)重铬酸盐和铬酸盐的溶解性　在 3 支试管中分别加入 5 滴 0.1mol/L $K_2Cr_2O_7$ 溶液，并各加入几滴 0.1mol/L 的 $Pb(NO_3)_2$、$BaCl_2$、$AgNO_3$ 溶液，观察产物的颜色和状态。

(5)$Cr_2O_7^{2-}$ 的氧化性　在试管中加入 5 滴 0.1mol/L $K_2Cr_2O_7$ 溶液，并用 5 滴 2mol/L H_2SO_4 溶液酸化，再加入 10 滴 0.5mol/L $FeSO_4$ 溶液，微热，观察溶液颜色的变化。

[思考题 1]　总结 $Cr_2O_7^{2-}$ 和 CrO_4^{2-} 相互转化的条件及它们形成盐的溶解性大小。

2. 锰的化合物

(1)$Mn(OH)_2$ 的生成和性质　在 4 支试管中各加入 10 滴 0.1mol/L $MnSO_4$ 溶液。在第 1 支试管中加入 5 滴 2mol/L NaOH 溶液，观察沉淀的颜色，振荡试管，观察沉淀颜色的变化；在第 2 支试管中加入 5 滴 2mol/L NaOH 溶液生成沉淀后，迅速加入 2mol/L HCl 溶液，观察沉淀是否溶解；在第 3 支试管中加入 5 滴 2mol/L NaOH 溶液生成沉淀后，迅速加入 2mol/L NH_4Cl 溶液，观察沉淀是否溶解；在第 4 支试管中滴加 2mol/L NaOH 溶液至过量，观察沉淀是否溶解。

(2)Mn^{2+} 的还原性　在试管中加入 3mL 2mol/L HNO_3 溶液及 2 滴 0.1mol/L $MnSO_4$ 溶液，再加入少量 $NaBiO_3$ 固体，在水浴中微热，观察溶液颜色变化。

(3)MnS 的生成　往盛有 0.5mL 0.1mol/L $MnSO_4$ 溶液的试管中滴加硫化乙酰胺，振荡后水浴加热，观察有无沉淀产生。再用长滴管吸取 2mol/L 氨水，插入溶液底部，观察生成沉淀的颜色。

(4)MnO_2 的生成和氧化性　在 0.5mL 0.1mol/L $KMnO_4$ 溶液中，逐滴加入 0.1mol/L $MnSO_4$ 溶液，观察 MnO_2 沉淀的颜色，往沉淀中加入 0.5mL 2mol/L H_2SO_4 溶液和少量 Na_2SO_3 粉末，沉淀是否溶解？

在盛有绿豆粒大 MnO_2 固体的试管中加入 2mL 浓 HCl，微热，用淀粉-碘化钾试纸检验所产生的气体。

(5)MnO_4^- 的氧化性　在 3 支试管中各加入 0.5mL 0.1mol/L $KMnO_4$ 溶液，再分别加入 0.5mL 2mol/L H_2SO_4 溶液、6mol/L NaOH 溶液和蒸馏水，然后各加少量 Na_2SO_3 粉末，观察反应现象，比较它们的产物有何不同。

[思考题 2]　你所用过的试剂中，有几种可以将 Mn^{2+} 氧化为 MnO_4^-？在由 $Mn^{2+} \rightarrow$

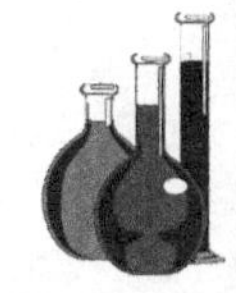

MnO_4^- 的反应中,为什么要控制 Mn^{2+} 的量?

3. 铁、钴、镍的氢氧化物的生成和性质

(1)$Fe(OH)_2$、$Fe(OH)_3$ 的生成和 $Fe(OH)_2$ 的还原性　在试管中加入 2mL 蒸馏水和 1～2 滴 2mol/L H_2SO_4 溶液,煮沸片刻,然后在其中溶解几粒 $FeSO_4 \cdot 7H_2O$ 晶体。在另一支试管中煮沸 1mL 2mol/L NaOH 溶液,待溶液稍冷后,迅速用长滴管吸入 NaOH 溶液,并将滴管插入 $FeSO_4$ 溶液底部,慢慢放出 NaOH 溶液,不摇动试管,观察在放出 NaOH 的瞬间产物的颜色及其变化。摇匀反应物后分成两份:一份加入 2mol/L HCl 溶液,观察沉淀是否溶解,另一份加入几滴浓 HCl,加热,并用湿润的淀粉-碘化钾试纸检查逸出的气体。

[思考题 3]　实验整个操作过程中两支试管都要进行煮沸?为什么?

(2)$Co(OH)_2$、$Co(OH)_3$ 的生成和 $Co(OH)_3$ 的氧化性　将盛有 0.5mL 0.1mol/L $CoCl_2$ 溶液的试管加热至沸,冷却后,滴加 2mol/L NaOH 溶液,观察沉淀的生成和颜色。将所得沉淀分成两份:一份置于空气中,摇动试管,观察变化,然后加入 2mol/L HCl 溶液,观察沉淀是否溶解;另一份滴加新配制的氯水,观察沉淀颜色的变化,用蒸馏水洗涤沉淀数次,离心分离,弃去清液,在沉淀中滴加几滴浓 HCl,加热振荡后观察变化,并用湿润的淀粉-碘化钾试纸检查逸出的气体。

(3)$Ni(OH)_2$、$Ni(OH)_3$ 的生成和 $Ni(OH)_3$ 的氧化性　用 0.1mol/L $NiSO_4$ 溶液代替 $CoCl_2$ 溶液,重复上述实验,观察现象。

[思考题 4]　综合上述实验所观察到的现象,总结+2 价氧化态的铁、钴、镍化合物的还原性和+3 价氧化态的铁、钴、镍化合物的氧化性的变化规律。

[思考题 5]　在碱性介质中,氯水(或溴水)能把+2 价钴氧化成+3 价钴,而在酸性介质中,+3 价钴又能把氯离子氧化成氯气,两者有无矛盾?为什么?

4. 铁、钴、镍的配合物

(1)Fe^{3+}、Co^{2+}、Ni^{2+} 与氨水反应　取 0.5mL 0.1mol/L $FeCl_3$ 溶液于试管中,滴入 6mol/L 氨水,观察沉淀的颜色,再滴加过量的 6mol/L 氨水,观察沉淀能否溶解。

取 0.5mL 0.1mol/L $CoCl_2$ 溶液于试管中,滴入 6mol/L 氨水,观察沉淀的颜色,再加入过量的 6mol/L 氨水至生成的沉淀刚好溶解为止,静置一段时间后,观察溶液颜色有何变化。

取 1mL 0.1mol/L $NiSO_4$ 溶液于试管中,滴加 6mol/L 氨水至产生的沉淀刚好溶解为止,观察沉淀及溶液的颜色。把溶液分成两份,一份加入 2mol/L NaOH 溶液,另一份加入 2mol/L H_2SO_4 溶液,观察有何变化。

(2)Fe^{3+}、Co^{2+} 与 SCN^- 反应　在试管中加入 2 滴 0.1mol/L $FeCl_3$ 溶液,加水稀释至 2mL,然后加 1 滴 0.1mol/L KSCN 溶液,观察溶液颜色的变化。再加入 1mol/L NH_4F 溶液,观察有何变化。

在试管中加入 0.5mL 0.1mol/L $CoCl_2$ 溶液,再加入少量 KSCN 固体,再加几滴戊醇,振摇后,观察水相及有机相的颜色变化。

向盛有 0.5mL 0.1mol/L 新配制 $(NH_4)_2Fe(SO_4)_2$ 溶液的试管中加入碘水,摇动试管后,将溶液分成两份,各滴入数滴 0.1mol/L KSCN 溶液,然后向其中一支试管中滴入几滴 3% H_2O_2 溶液，对比两支试管中的现象。

六、数据记录与处理

实验步骤	实验现象	结论及反应式

（任世斌编）

实验 19 常见金属阳离子的鉴定反应

一、实验目的

1. 进一步掌握一些金属元素及其化合物的性质。
2. 熟悉常见阳离子的鉴定反应。

二、实验原理

离子的分离和鉴定是以各离子对试剂的不同反应为依据的。通常混合离子的分离步骤是，先按照一定的步骤和顺序，分别加入几种试剂，将溶液中离子分成若干组，然后进行分析，此定性分析方法称为系统分析。在与其他离子共存时，由于存在的离子间相互无干扰或采用适当方法可避免干扰，就可以不需要经过过多的分离，利用特效反应（称为鉴定反应）直接检出任何一种待检离子，此定性分析方法称为分别分析。

某一离子的特效反应，要求不仅反应要完全、迅速地进行，而且要有外部特征（指人们感觉器官能直接觉察到的现象），否则我们就无法鉴定某离子是否存在。这些外部特征通常是包括沉淀的生成或溶解（特别是有色沉淀的生成）、特殊颜色的出现、特殊气体的排出、特殊气味的产生等。

常见阳离子的分别鉴定及其基本反应见表 8-5。下面做一简单介绍。

1. Na^+ 的鉴定

Na^+ 与饱和六羟基锑酸钾 $K[Sb(OH)_6]$ 溶液生成白色结晶状沉淀，反应产物的溶度积不够小，且容易形成过饱和溶液，故应加入过量试剂并以玻棒摩擦，以促进沉淀的生成。

$$Na^+ + [Sb(OH)_6]^- \longrightarrow Na[Sb(OH)_6]\downarrow（白色）$$

2. K^+ 的鉴定

在中性、碱性或 HAc 酸性溶液中，K^+ 与饱和酒石酸氢钠 $NaHC_4H_4O_6$ 生成溶解度很小的白色沉淀。

$$K^+ + HC_4H_4O_6^- \longrightarrow KHC_4H_4O_6\downarrow（白色）$$

3. NH_4^+ 的鉴定

NH_4^+ 与碱作用生成 NH_3，加热可促使其挥发，生成的 NH_3 可在气室中用湿润的酚

酞试纸检验。

$$NH_4^+ + OH^- \xrightarrow{\triangle} NH_3\uparrow + H_2O$$

4. Mg^{2+}的鉴定

Mg^{2+}在碱性溶液中与对硝基偶氮间苯二酚(镁试剂Ⅰ)的碱性试液反应,生成天蓝色沉淀。此天蓝色沉淀是存在于碱性溶液中的试剂[镁试剂Ⅰ反应,此试剂在酸性溶液中显黄色,在碱性溶液中显紫红色],被$Mg(OH)_2$吸附后显天蓝色而生成的。

5. Ca^{2+}的鉴定

Ca^{2+}与$(NH_4)_2C_2O_4$在pH>4时生成白色CaC_2O_4晶形沉淀,此沉淀是所有钙盐中溶解度最小的,因此可用来进行Ca^{2+}的鉴定,同时在重量分析中可用来测定钙。

$$Ca^{2+} + C_2O_4^{2-} \longrightarrow CaC_2O_4\downarrow(\text{白色})$$

6. Ba^{2+}的鉴定

Ba^{2+}在弱酸性介质中与K_2CrO_4能生成黄色$BaCrO_4$沉淀。此沉淀溶于稀HCl或稀HNO_3,但不溶于HAc。适宜酸度为pH =4.4(使用HAc -NaAc缓冲体系)。

$$Ba^{2+} + CrO_4^{2-} \longrightarrow BaCrO_4\downarrow(\text{黄色})$$

7. Al^{3+}的鉴定

在HAc-NaAc缓冲体系(pH=4～5)中,Al^{3+}与铝试剂(金黄色三羧酸铵)生成红色螯合物,加氨水溶液加热后成鲜红色絮状沉淀。

8. Sn^{2+}、Hg^{2+}的鉴定

Sn^{2+}具有较强的还原性,$SnCl_2$在酸性溶液中可将$HgCl_2$还原为白色Hg_2Cl_2,$SnCl_2$过量时,Hg_2Cl_2进一步被还原为金属汞,使沉淀变为灰色。

$$2HgCl_2 + SnCl_2 \longrightarrow Hg_2Cl_2\downarrow(\text{白色}) + SnCl_4$$

$$Hg_2Cl_2 + SnCl_2 \longrightarrow 2Hg\downarrow(\text{黑色}) + SnCl_4$$

9. Pb^{2+}的鉴定

Pb^{2+}与H_2SO_4生成白色$PbSO_4$沉淀,沉淀溶于热的浓NH_4Ac或NaOH溶液中,将此溶液以HAc酸化,并加入K_2CrO_4,则得黄色$PbCrO_4$沉淀。

$$Pb^{2+} + CrO_4^{2-} \longrightarrow PbCrO_4\downarrow(\text{黄色})$$

10. Sb^{5+}、Sb^{3+}的鉴定

Sb^{5+}在浓HCl中的存在形式为$SbCl_6^-$,它能与红色的罗丹明B溶液反应形成紫色或蓝色的微细沉淀。如果被鉴定的是Sb^{3+},则事先加入$NaNO_2$晶粒少许,将其氧化为Sb^{5+}。

$$Sb^{3+} + 4H^+ + 6Cl^- + 2NO_2^- \longrightarrow SbCl_6^- + 2NO\uparrow + 2H_2O$$

11. Bi^{3+}的鉴定

Bi^{3+}与硫脲$CS(NH_2)_2$在0.4～1.2mol/L HNO_3溶液中反应形成鲜黄色配合物。

$$Bi^{3+} + nCS(NH_2)_2 \longrightarrow Bi[CS(NH_2)_2]_n^{3+}(\text{鲜黄色})$$

12. Cr^{3+}的鉴定

在强碱性溶液中以 CrO_2^- 的形式存在，此离子经氧化成为黄色 CrO_4^{2-}，黄色的出现可初步说明 Cr^{3+} 的存在。但此反应不够灵敏，也易受有色离子的干扰。为进一步证实，可用 H_2SO_4 把 CrO_4^{2-} 酸化，使其转化为 $Cr_2O_7^{2-}$，然后加入戊醇，再加 H_2O_2，此时在戊醇层中将有蓝色的过氧化铬 CrO_5 生成。

$$Cr^{3+} + 4OH^- \longrightarrow CrO_2^- + 2H_2O$$

$$2CrO_2^- + 3H_2O_2 + 2OH^- \longrightarrow 2CrO_4^{2-} + 4H_2O$$

$$2CrO_4^{2-} + 2H^+ \longrightarrow Cr_2O_7^{2-} + H_2O$$

$$Cr_2O_7^{2-} + 4H_2O_2 + 2H^+ \longrightarrow 2CrO_5(\text{蓝色}) + 5H_2O$$

13. Mn^{2+}的鉴定

Mn^{2+} 在强酸性溶液中可被强氧化剂 $NaBiO_3$、$(NH_4)_2S_2O_8$ 等氧化为 MnO_4^-，使溶液显紫红色。

$$2Mn^{2+} + 5NaBiO_3 + 14H^+ \longrightarrow 2MnO_4^- + 5Bi^{3+} + 5Na^+ + 7H_2O$$

14. Fe^{2+}的鉴定

Fe^{2+} 与 $K_3[Fe(CN)_6]$ 生成深蓝色沉淀，为滕氏蓝。此沉淀不溶于稀酸，但为碱所分解，因此反应要在盐酸(非氧化性酸)溶液中进行。

$$Fe^{2+} + K^+ + [Fe(CN)_6]^{3-} \longrightarrow KFe[Fe(CN)_6]\downarrow(\text{蓝色})$$

15. Fe^{3+}的鉴定

Fe^{3+} 在酸性溶液中与 $K_4[Fe(CN)_6]$ 生成蓝色沉淀。强碱使反应产物分解，生成 $Fe(OH)_3$ 沉淀，浓的强酸也能使沉淀溶解。因此鉴定反应要在适当酸度的酸性溶液中进行。

$$K_4[Fe(CN)_6] + Fe^{3+} \longrightarrow KFe[Fe(CN)_6]\downarrow(\text{蓝色})$$

16. Co^{2+}的鉴定

在中性或酸性溶液中，Co^{2+} 与 KSCN 生成蓝色配合物 $[Co(NCS)_4]^{2-}$。此配合物能溶于许多有机溶剂，如戊醇、丙酮等。$[Co(NCS)_4]^{2-}$ 在有机溶剂中比在水中离解度更小，所以反应也更灵敏，因此，在鉴定时常加入戊醇。

$$Co^{2+} + 4SCN^- \longrightarrow [Co(NCS)_4]^{2-}(\text{蓝色})$$

17. Ni^{2+}的鉴定

Ni^{2+} 在中性、HAc 酸性或氨性溶液中与丁二酮肟(镍试剂，DMG)产生鲜红色螯合物沉淀。此沉淀溶于强酸、强碱和很浓的氨水，所以鉴定时溶液的 pH 值在 5～10 为宜。

$$Ni^{2+} + 2\begin{array}{l} CH_3-C{=}NOH \\ \quad\;\;\, | \\ CH_3-C{=}NOH \end{array} + 2H_2O \longrightarrow \begin{array}{c} O-H-O \\ |\qquad\quad\;\; | \\ H_3C-C{=}N\quad\; N{=}C-CH_3 \\ |\qquad\quad Ni \qquad\quad | \\ H_3C-C{=}N\quad\; N{=}C-CH_3 \\ |\qquad\quad\;\; | \\ O-H-O \end{array}\downarrow(\text{鲜红色}) + 2H_3O^+$$

18. Cu^{2+}的鉴定

Cu^{2+}浓度大时，溶液呈淡蓝色或蓝绿色，向含Cu^{2+}溶液中加入过量的氨水生成深蓝色$[Cu(NH_3)_4]^{2+}$配离子，可说明有Cu^{2+}存在。Cu^{2+}浓度较小时，可取经过HCl酸化后的试液，加$K_4[Fe(CN)_6]$鉴定，红棕色$Cu_2[Fe(CN)_6]$沉淀的生成示有Cu^{2+}。

$$Cu^{2+}+4NH_3\cdot H_2O \longrightarrow [Cu(NH_3)_4]^{2+}(\text{深蓝色})+4H_2O$$
$$2Cu^{2+}+Fe(CN)_6^{4-} \longrightarrow Cu_2[Fe(CN)_6]\downarrow(\text{红棕色})$$

19. Ag^+的鉴定

Ag^+与HCl反应，生成白色凝乳状的AgCl沉淀。此沉淀能溶于氨水中，以HNO_3酸化，白色沉淀又重新析出。

$$Ag^+ + Cl^- \longrightarrow AgCl\downarrow$$
$$AgCl+2NH_3\cdot H_2O \longrightarrow [Ag(NH_3)_2]^+ + Cl^- + 2H_2O$$
$$[Ag(NH_3)_2]^+ + Cl^- + 2H^+ \longrightarrow AgCl\downarrow + 2NH_4^+$$

20. Zn^{2+}的鉴定

在中性或酸性溶液中，Zn^{2+}与$(NH_4)_2[Hg(SCN)_4]$反应，生成白色结晶型$Zn[Hg(SCN)_4]$沉淀。但当Zn^{2+}和Co^{2+}两种离子共存时，它们与$(NH_4)_2[Hg(SCN)_4]$生成天蓝色混晶型沉淀，可以较快地沉淀。因此，向$(NH_4)_2[Hg(SCN)_4]$与很稀的Co^{2+}混合溶液(0.02%)中加入Zn^{2+}的试液，在不断摩擦器壁的条件下，如迅速得到天蓝色沉淀，则表示存在Zn^{2+}。

$$Co^{2+}+Hg[(SCN)_4]^{2-} \longrightarrow Co[Hg(SCN)_4](\text{天蓝色})(\text{缓慢})$$
$$Zn^{2+}+[Hg(SCN)_4]^{2-} \longrightarrow Zn[Hg(SCN)_4](\text{白色})(\text{快})$$

21. Cd^{2+}的鉴定

Cd^{2+}在氨性溶液中以$[Cd(NH_3)_4]^{2+}$配离子形式存在，将此溶液加在Na_2S溶液中(保证Na_2S过量，以防止可能共存的As_2S_3和As_2S_5)，可生成黄色CdS沉淀。

$$[Cd(NH_3)_4]^{2+}+S^{2-}+4H_2O \longrightarrow CdS\downarrow(\text{黄色})+4NH_3\cdot H_2O$$

三、预习要求

常见离子的鉴定反应(二维码5-1)。

四、仪器与试剂

仪器：离心机，离心管，试管，玻棒，水浴锅(或烧杯)，表面皿，白色点滴板，酒精灯。

试剂：3mol/L H_2SO_4溶液，2mol/L HCl溶液，浓HCl，6mol/L HNO_3溶液，2mol/L HAc溶液，6mol/L HAc溶液，2mol/L NaOH溶液，6mol/L NaOH溶液，6mol/L 氨水，1mol/L NaCl溶液，0.5mol/L Na_2S溶液，2mol/L NaAc溶液，饱和$NaHC_4H_4O_6$溶液，1mol/L KCl溶液，1mol/L K_2CrO_4溶液，饱和$K[Sb(OH)_6]$溶液，1mol/L NH_4Cl溶液，饱和$(NH_4)_2C_2O_4$溶液，$(NH_4)_2[Hg(SCN)_4]$试剂，0.5mol/L $MgCl_2$溶液，0.5mol/L $CaCl_2$溶液，0.5mol/L $BaCl_2$溶液，0.5mol/L $AlCl_3$溶液，0.5mol/L $SnCl_2$溶液，0.5mol/L $Pb(NO_3)_2$溶液，0.1mol/L $SbCl_3$溶液，0.1mol/L $Bi(NO_3)_3$溶液，0.5mol/L $CrCl_3$溶液，0.5mol/L $MnSO_4$溶液，0.1mol/L $FeCl_3$溶液，0.1mol/L $(NH_4)_2Fe(SO_4)_2$

溶液，0.1mol/L $K_3[Fe(CN)_6]$溶液，0.1mol/L $K_4[Fe(CN)_6]$溶液，0.1mol/L $CoCl_2$ 溶液，0.1mol/L $NiSO_4$ 溶液，0.5mol/L $CuCl_2$ 溶液，0.1mol/L $AgNO_3$ 溶液，0.2mol/L $ZnSO_4$溶液，0.2mol/L $Cd(NO_3)_2$ 溶液，0.2mol/L $HgCl_2$ 溶液，镁试剂，0.1%铝试剂，1%丁二酮肟酒精溶液，2.5% $CS(NH_2)_2$ 溶液，3% H_2O_2 溶液，罗丹明B溶液，$NaNO_2$(s)，$NaBiO_3$(s)，KSCN(s)，苯，戊醇，丙酮。

材料：酚酞试纸。

五、实验内容

1. Na^+的鉴定

在盛有0.5mL 1mol/L NaCl溶液的试管中，加入0.5mL饱和$K[Sb(OH)_6]$溶液，如有白色结晶状沉淀产生，示有Na^+存在。如无沉淀产生，可以用玻棒摩擦试管内壁，放置片刻后再观察。

2. K^+的鉴定

在盛有0.5mL 1mol/L KCl溶液的试管中，加入0.5mL饱和$NaHC_4H_4O_6$溶液，如有白色结晶状沉淀产生，示有K^+存在。如无沉淀产生，可用玻棒摩擦试管内壁，再观察。

3. NH_4^+的鉴定

取2个表面皿构成1个气室，取3滴1mol/L NH_4Cl溶液滴于下部表面皿，加6mol/L NaOH溶液3滴，盖上另一块贴有湿润的酚酞试纸的表面皿，在水浴中加热，如酚酞试纸变红，示有NH_4^+存在。

4. Mg^{2+}的鉴定

在试管中加2滴0.5mol/L $MgCl_2$溶液，再滴加6mol/L NaOH溶液，直到生成絮状的$Mg(OH)_2$沉淀为止，然后加入1滴镁试剂，搅拌之，如有蓝色沉淀生成，示有Mg^{2+}存在。

5. Ca^{2+}的鉴定

取0.5mL 0.5mol/L $CaCl_2$溶液于离心管中，再加10滴饱和$(NH_4)_2C_2O_4$溶液，有白色沉淀产生。离心分离，弃去清液。若白色沉淀不溶于6mol/L HAc溶液而溶于2mol/L HCl溶液，示有Ca^{2+}存在。

[思考题1] 当溶液中有Ba^{2+}存在时，会生成白色BaC_2O_4，该如何消除干扰？

6. Ba^{2+}的鉴定

取2滴0.5mol/L $BaCl_2$溶液于试管中，加入2mol/L HAc溶液和2mol/L NaAc溶液各2滴，然后滴加2滴1mol/L K_2CrO_4溶液，若有黄色沉淀生成，示有Ba^{2+}存在。

7. Al^{3+}的鉴定

取2滴0.5mol/L $AlCl_3$溶液于试管中，加2～3滴水、2滴2mol/L HAc溶液及2滴0.1%铝试剂(金黄色三羧酸铵)，搅拌后，置水浴中加热，再加入1～2滴6mol/L氨水，若有鲜红色絮状沉淀生成，示有Al^{3+}存在。

8. Sn^{2+}的鉴定

取5滴0.5mol/L $SnCl_2$溶液于试管中，逐滴加入0.2mol/L $HgCl_2$溶液，边加边振荡，若产生的沉淀由白色变为灰色，然后变为灰黑色，示有Sn^{2+}存在。

[思考题2] 如果被鉴定的锡为Sn^{4+}，如何采用上述方法进行鉴定？

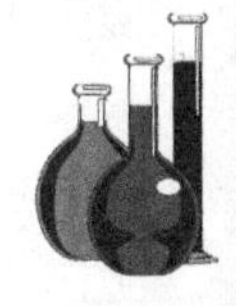

9. Pb^{2+}的鉴定

取5滴0.5mol/L $Pb(NO_3)_2$溶液于离心管中，滴加2滴1mol/L K_2CrO_4溶液，如有黄色沉淀生成，在沉淀上滴加数滴6mol/L NaOH溶液，沉淀溶解，示有Pb^{2+}存在。

[思考题3] Hg_2^{2+}、Ba^{2+}、Sr^{2+}和较浓的Ca^{2+}都能与H_2SO_4反应，生成白色沉淀，如何区别？

10. Sb^{3+}的鉴定

取5滴0.1mol/L $SbCl_3$溶液于离心管中，滴加3滴浓HCl及数粒$NaNO_2$晶粒，将Sb^{3+}氧化为Sb^{5+}，当无气体放出时，加数滴苯及2滴红色的罗丹明B溶液，苯层显紫色，示有Sb^{3+}存在。

[思考题4] 如果被鉴定的是$SbCl_6^-$，如何鉴定？

11. Bi^{3+}的鉴定

取1滴0.1mol/L $Bi(NO_3)_3$溶液于试管中，滴加1滴2.5% $CS(NH_2)_2$，生成鲜黄色配合物，示有Bi^{3+}存在。

[思考题5] Sb^{3+}也能与$CS(NH_2)_2$反应，生成黄色配合物，采用什么方法消除干扰？

12. Cr^{3+}的鉴定

取2滴0.5mol/L $CrCl_3$溶液于试管中，加入6mol/L NaOH溶液和3% H_2O_2溶液数滴，加热至沸，使Cr^{3+}氧化成黄色CrO_4^{2-}。冷却后，加入0.5mL戊醇，用3mol/L H_2SO_4溶液酸化，然后再滴加3% H_2O_2溶液数滴，摇动试管，如在戊醇层中出现蓝色，示有Cr^{3+}存在。

13. Mn^{2+}的鉴定

取2滴0.5mol/L $MnSO_4$溶液于白色点滴板中，用6mol/L HNO_3溶液酸化，加$NaBiO_3$粉末少许，搅拌，如溶液呈紫红色，示有Mn^{2+}存在。

14. Fe^{2+}的鉴定

取2滴0.1mol/L $(NH_4)_2Fe(SO_4)_2$溶液于白色点滴板中，加2滴0.1mol/L $K_3[Fe(CN)_6]$溶液，如有蓝色沉淀生成，示有Fe^{3+}存在。

[思考题6] Cu^{2+}、Co^{2+}、Ni^{2+}与$K_3[Fe(CN)_6]$反应，生成的沉淀颜色有什么不同？

15. Fe^{3+}的鉴定

取2滴0.1mol/L $FeCl_3$溶液于白色点滴板中，加2滴0.1mol/L $K_4[Fe(CN)_6]$溶液，如有蓝色沉淀生成，示有Fe^{3+}存在。

16. Co^{2+}的鉴定

取2滴0.1mol/L $CoCl_2$溶液于白色点滴板中，加入2滴丙酮，再加入少许固体KSCN，如溶液变成蓝色，示有Co^{2+}存在。

[思考题7] Fe^{3+}和Cu^{2+}对Co^{2+}有干扰，若Fe^{3+}单独存在，可加入什么试剂来掩蔽？如两者都存在，可采用什么方法消除干扰？

17. Ni^{2+}的鉴定

取2滴0.1mol/L $NiSO_4$溶液于白色点滴板中，滴加6mol/L氨水至弱碱性后，再加入2滴1%丁二酮肟酒精溶液（镍试剂，DMG），如有鲜红色沉淀生成，示有Ni^{2+}存在。

[**思考题8**]　Fe^{2+}在氨性溶液中与镍试剂反应，生成红色可溶性螯合物，与Ni^{2+}产生的红色沉淀不易区分，如何消除其干扰？

18. Cu^{2+}的鉴定

取1滴0.5mol/L $CuCl_2$溶液于试管中，滴加1滴6mol/L HAc溶液酸化，再加5滴0.1mol/L $K_4[Fe(CN)_6]$溶液，生成红棕色$Cu_2[Fe(CN)_6]$沉淀，示有Cu^{2+}存在。

19. Ag^+的鉴定

取5滴0.1mol/L $AgNO_3$溶液于试管中，滴加5滴2mol/L HCl溶液，产生白色沉淀。离心分离，在沉淀中加入6mol/L氨水溶液至沉淀完全溶解，再用6mol/L HNO_3溶液酸化，生成白色沉淀，示有Ag^+存在。

[**思考题9**]　阳离子中Hg_2^{2+}和Pb^{2+}也能与HCl反应，生成白色沉淀，为何上述方法可示有Ag^+存在？

20. Zn^{2+}的鉴定

取3滴0.2mol/L $ZnSO_4$溶液于试管中，滴加2滴2mol/L HAc溶液酸化，再加等体积的$(NH_4)_2[Hg(SCN)_4]$溶液，不断摩擦试管内壁，生成白色沉淀，示有Zn^{2+}存在。

[**思考题10**]　Fe^{3+}、Cu^{2+}、Ni^{2+}和大量的Co^{2+}也都能与$(NH_4)_2[Hg(SCN)_4]$反应，生成沉淀，可采用什么方法消除干扰？

21. Cd^{2+}的鉴定

取3滴0.2mol/L $Cd(NO_3)_2$溶液于试管中，滴加2滴0.5mol/L Na_2S溶液，生成亮黄色沉淀，示有Cd^{2+}存在。

[**思考题11**]　哪些其他离子也能与Na_2S反应，生成硫化物沉淀，从而干扰Cd^{2+}的鉴定？

22. Hg^{2+}的鉴定

取2滴0.2mol/L $HgCl_2$溶液于试管中，逐滴加入0.5mol/L $SnCl_2$溶液，边加边振荡，观察沉淀颜色变化过程，最后变成灰黑色，示有Hg^{2+}存在。

六、数据记录与处理

实验步骤	实验现象	结论及反应式

（陈素清编）

实验20　p区非金属元素(一)(氧、硫)

一、实验目的

1. 掌握过氧化氢的主要性质。
2. 掌握不同氧化态硫化合物的主要性质。

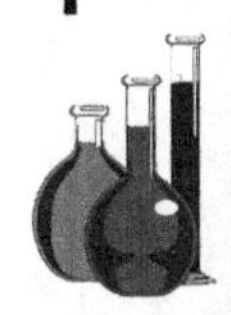

二、实验原理

5-4 p区非金属元素微课

氧和硫是周期系ⅥA族元素，原子的价电子构型为ns^2np^4，能形成－1价、－2价、＋4价、＋6价等氧化态化合物。

H_2O_2可由Na_2O_2与酸反应制得，它是一种弱酸，发生一级解离可生成H^+。H_2O_2能与某些金属氢氧化物反应，生成过氧化物和水，如

$$H_2O_2+2NaOH \longrightarrow Na_2O_2+2H_2O$$

生成的过氧化钠在乙醇溶液中以溶解度较小的$Na_2O_2 \cdot 8H_2O$形式存在。

H_2O_2中氧呈－1价氧化态，故既有氧化性又有还原性。在酸性溶液中，H_2O_2与CrO_4^{2-}反应，生成蓝色的CrO_5，可用于鉴定H_2O_2。

H_2S中硫呈－2价氧化态，具有强还原性，在酸性条件下，能将$KMnO_4$还原成Mn^{2+}，并有黄色S析出。

$$2MnO_4^-+5H_2S+6H^+ \longrightarrow 2Mn^{2+}+5S\downarrow+8H_2O$$

H_2S能使湿润的$Pb(Ac)_2$试纸变黑，此法可用于检验逸出的H_2S气体。

$$Pb(Ac)_2+H_2S \longrightarrow 2HAc+PbS\downarrow$$

在金属硫化物中，碱金属(包括NH_4^+)的硫化物和BaS易溶于水，其余大多数硫化物都难溶于水，并具有特征颜色。难溶金属硫化物在酸中的溶解情况与溶度积常数的大小有一定关系。如ZnS难溶水，易溶稀HCl；CdS不溶于稀HCl，而溶于浓HCl；CuS不溶于HCl，须用HNO_3溶解；HgS溶于王水。因此，可采用不同酸或控制溶液酸度的方法使一些金属硫化物溶解，而另一些金属硫化物不溶解。

$$ZnS+2H^+ \longrightarrow Zn^{2+}+H_2S\uparrow$$

$$CdS+2H^++4Cl^- \longrightarrow CdCl_4^{2-}+H_2S\uparrow$$

$$3CuS+8HNO_3 \longrightarrow 3Cu(NO_3)_2+3S\downarrow+2NO\uparrow+4H_2O$$

$$3HgS+2HNO_3+12HCl \longrightarrow 3H_2[HgCl_4]+3S\downarrow+2NO\uparrow+4H_2O$$

SO_2溶于水生成不稳定的H_2SO_3。H_2SO_3中硫呈＋4价氧化态，是较强的还原剂，可以将MnO_4^-还原为Mn^{2+}；当与强还原剂反应时，呈现出氧化性。SO_2可与某些有机物，如品红发生加成反应，生成无色化合物，所以具有漂白性，而加成物受热往往容易分解。

$$2MnO_4^-+5SO_3^{2-}+6H^+ \longrightarrow 2Mn^{2+}+5SO_4^{2-}+3H_2O$$

$$2H_2S+H_2SO_3 \longrightarrow 3S\downarrow+3H_2O$$

硫代硫酸不稳定，因此硫代硫酸盐遇酸容易分解成S、SO_2和H_2O。$Na_2S_2O_3$中硫的平均氧化数为＋2，是一种中等强度的还原剂，与I_2作用时被氧化为$S_4O_6^{2-}$，与Cl_2、Br_2等反应时被氧化为SO_4^{2-}。

$$S_2O_3^{2-}+2H^+ \longrightarrow H_2O+S\downarrow+SO_2\uparrow$$

$$4Cl_2+S_2O_3^{2-}+5H_2O \longrightarrow 8Cl^-+2SO_4^{2-}+10H^+$$

$$2S_2O_3^{2-}+I_2 \longrightarrow S_4O_6^{2-}+2I^-$$

过二硫酸$H_2S_2O_8$具有极强的氧化性，但氧化过程的速率很慢，加入催化剂可使反应大大加速。例如，过二硫酸盐$S_2O_8^{2-}$在酸性介质和Ag^+催化的条件下，可将Mn^{2+}氧化为MnO_4^-。

$$5S_2O_8^{2-}+2Mn^{2+}+8H_2O\xrightarrow[\triangle]{Ag^+}10SO_4^{2-}+2MnO_4^-+16H^+$$

三、预习要求

过氧化氢、硫的化合物的主要性质。

四、仪器与试剂

仪器：离心机，试管，离心管，烧杯，酒精灯，铁架台，石棉网。

试剂：1mol/L H_2SO_4 溶液，2mol/L HCl 溶液，浓 HCl，浓 HNO_3，饱和 SO_2 溶液，饱和 H_2S 溶液，40% NaOH 溶液，0.1mol/L Na_2S 溶液，0.1mol/L Na_2SO_3 溶液，0.1mol/L $Na_2S_2O_3$ 溶液，0.1mol/L KI 溶液，0.1mol/L $BaCl_2$ 溶液，0.1mol/L K_2CrO_4 溶液，0.002mol/L $MnSO_4$ 溶液，0.01mol/L $KMnO_4$ 溶液，0.1mol/L $ZnSO_4$ 溶液，0.1mol/L $CdSO_4$ 溶液，0.1mol/L $Hg(NO_3)_2$ 溶液，0.1mol/L $CuSO_4$ 溶液，0.1mol/L $AgNO_3$ 溶液，0.1mol/L $Pb(NO_3)_2$ 溶液，3% H_2O_2 溶液，饱和氯水，0.01mol/L 碘水，淀粉溶液，品红溶液，无水乙醇，乙醚，Na_2O_2(s)，$K_2S_2O_8$(s)。

材料：pH 试纸，$Pb(Ac)_2$ 试纸，火柴。

五、实验内容

1. 过氧化氢的制备

取绿豆粒大的 Na_2O_2 固体于小试管中，加入少量蒸馏水溶解后，放在冰水中冷却，并加以搅拌。用 pH 试纸检查溶液的酸碱性，再往试管中滴加已用冰水冷却过的 1mol/L H_2SO_4 溶液至酸性。

[**思考题1**] 加 1mol/L H_2SO_4 溶液至酸性的目的是什么？

2. 过氧化氢的性质

(1)过氧化氢的酸性　取 10 滴 3% H_2O_2 溶液于试管中，用 pH 试纸测其 pH 值，然后加入 2～3 滴 40% NaOH 溶液和 10 滴无水乙醇，振荡试管，观察现象。

[**思考题2**] 加无水乙醇的目的是什么？

(2)过氧化氢的氧化性　取 1 滴 0.1mol/L $Pb(NO_3)_2$ 溶液于试管中，加入 1 滴 0.1mol/L Na_2S 溶液，观察现象，逐滴加入 3% H_2O_2 溶液，有何变化？

取 1 滴 0.1mol/L KI 溶液和 1mL 水于试管中，滴加 2 滴 1mol/L H_2SO_4 溶液酸化，再加入 1 滴 3% H_2O_2 溶液，观察现象，并滴入 2～3 滴淀粉溶液检验。

(3)过氧化氢的还原性　在试管中加入 10 滴 3% H_2O_2 溶液，滴加 2 滴 1mol/L H_2SO_4 溶液酸化，再滴加 2～3 滴 0.01mol/L $KMnO_4$ 溶液，观察现象，用火柴余烬检验反应生成的气体。

(4)过氧化氢的鉴定反应　在试管中依次加入 2mL 3% H_2O_2 溶液、0.5mL 乙醚、1mL 1mol/L H_2SO_4 溶液和 2～3 滴 0.1mol/L K_2CrO_4 溶液，振荡试管，观察水层和乙醚层的颜色有何变化。

3. 硫化氢的制备及还原性

(1)硫化氢的制备及鉴定　向试管中加入 0.5mL 0.1mol/L Na_2S 溶液，再加入 1mL 1mol/L H_2SO_4 溶液，用湿润的 pH 试纸及 $Pb(Ac)_2$ 试纸检验逸出的气体。

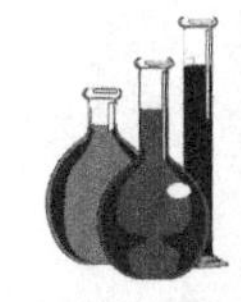

(2)硫化氢的还原性　在试管中滴入 2 滴 0.01mol/L $KMnO_4$ 溶液，用 1mol/L H_2SO_4 溶液酸化，然后滴入饱和 H_2S 溶液，观察现象。

[思考题 3]　Na_2S 溶液、H_2S 溶液长期放置会发生什么变化？

4. 硫化物的溶解性

在 4 支离心管中分别加入 0.5mL 0.1mol/L $CuSO_4$ 溶液、0.1mol/L $ZnSO_4$ 溶液、0.1mol/L $CdSO_4$ 溶液和 0.1mol/L $Hg(NO_3)_2$ 溶液，然后分别滴加 0.5mL 0.1mol/L Na_2S 溶液，观察现象。离心分离，弃去上层清液，用少许蒸馏水洗涤沉淀。对各支试管中的沉淀依次加入2mol/L HCl 溶液、浓 HCl、浓 HNO_3、王水(自制)，直至沉淀溶解。

[思考题 4]　在试验硫化物沉淀溶解情况时，若加入前一种试剂后沉淀未溶，在加入后一种试剂前应如何操作？

5. 二氧化硫的制备和性质

(1)SO_2 的制备　在试管中加入 2mL 0.1mol/L Na_2SO_3 溶液，用 1mol/L H_2SO_4 溶液酸化，观察有无气体产生，将湿润的 pH 试纸靠近试管口，观察现象。

(2)SO_2 的还原性　在试管中加入 1 滴 0.01mol/L $KMnO_4$ 溶液，用 1mol/L H_2SO_4 溶液酸化后，滴入几滴 SO_2 饱和溶液，观察现象。

(3)SO_2 的氧化性　在试管中滴入 2 滴饱和 H_2S 溶液，再滴入 1 滴 SO_2 饱和溶液，观察现象。

(4)SO_2 的漂白性　在试管中加入 1 滴品红溶液，加入 1～2 滴 SO_2 饱和溶液，观察现象。

6. 硫代硫酸及其盐的性质

(1)$Na_2S_2O_3$ 的不稳定性　在试管中加入 5 滴 0.1mol/L $Na_2S_2O_3$ 溶液，再加 3 滴 1mol/L H_2SO_4 溶液，振荡片刻，观察现象，用湿润的 pH 试纸检验逸出的气体。

(2)$Na_2S_2O_3$ 的还原性　在试管中加几滴 0.01mol/L 碘水，再加 1 滴淀粉溶液，逐滴加入 0.1mol/L $Na_2S_2O_3$ 溶液，观察现象。

在试管中加几滴饱和氯水，再逐滴加入 0.1mol/L $Na_2S_2O_3$ 溶液，观察现象并用 0.1mol/L $BaCl_2$ 溶液对产物进行鉴定。

7. 过二硫酸盐的氧化性

向装有 2 滴 0.002mol/L $MnSO_4$ 溶液的试管中加入 5mL 1.0mol/L H_2SO_4 溶液和 2 滴0.1mol/L $AgNO_3$ 溶液，再加入少量 $K_2S_2O_8$ 固体，水浴加热，观察溶液颜色的变化。

另取一支试管，不加 $AgNO_3$ 溶液，进行同样的实验。比较上述两个实验的现象有什么不同。

[思考题 5]　$MnSO_4$ 与 $K_2S_2O_8$ 反应时，加入 $AgNO_3$ 溶液起什么作用？实验中可否用 $MnCl_2$ 溶液代替 $MnSO_4$ 溶液？

六、数据记录与处理

实验步骤	实验现象	结论及反应式

(陈素清编)

实验21　p区非金属元素(二)(氮族、硅、硼)

一、实验目的

1. 试验并掌握不同氧化态氮化合物的主要性质。

2. 试验磷酸盐的酸碱性和溶解性。

3. 掌握硅酸盐、硼酸及硼砂的主要性质。

4. 练习硼砂珠有关实验的操作。

二、实验原理

氮族元素位于周期系ⅤA族,价电子构型为 ns^2np^3,其主要非金属元素包括氮和磷。

氮有多种氧化态,其主要代表性化合物有 $NH_3(NH_4^+)$、N_2H_4(联氨、肼)、NH_2OH(羟氨)、N_2O、NO、N_2O_3、NO_2、$HNO_2(NO_2^-)$、$HNO_3(NO_3^-)$。

固体铵盐受热极易分解,分解情况因组成铵盐的酸的性质的不同而异。

如果酸是挥发性的,则酸和氨一起挥发逸出。

$$NH_4Cl \longrightarrow NH_3\uparrow + HCl$$

$$NH_4HCO_3 \longrightarrow NH_3\uparrow + CO_2\uparrow + H_2O$$

如果酸是非挥发性的,则只有氨挥发逸出,而酸或酸式盐则残留在容器中。

$$(NH_4)_2SO_4 \longrightarrow NH_3\uparrow + NH_4HSO_4$$

$$(NH_4)_3PO_4 \longrightarrow 3NH_3\uparrow + H_3PO_4$$

如果相应的酸具氧化性,则分解出的氨会被酸氧化。

$$NH_4NO_3 \longrightarrow N_2O\uparrow + 2H_2O$$

$$(NH_4)_2Cr_2O_7 \longrightarrow N_2\uparrow + Cr_2O_3 + 4H_2O$$

亚硝酸是中强酸,可由稀酸和亚硝酸盐作用来制取。HNO_2 极不稳定,只能存在于很稀的冷溶液中,溶液浓缩或加热时,就会分解,其分解产物 N_2O_3 使溶液显蓝色,且容易歧化为 NO_2 和 NO。

$$H_2SO_4 + NaNO_2 \longrightarrow NaHSO_4 + HNO_2$$

$$2HNO_2 \longrightarrow N_2O_3 + H_2O \longrightarrow NO_2 + NO + H_2O$$

亚硝酸盐大多是无色的。除淡黄色 $AgNO_2$ 外,一般都易溶于水。碱金属、碱土金属的亚硝酸盐有很高的热稳定性。所有的亚硝酸盐都有剧毒,还是致癌物质。

在亚硝酸盐中,氮的氧化态居中(+3价),所以它既有氧化性又有还原性。在酸性介质中具有氧化性,其还原产物一般为NO。

$$2I^- + 4H^+ + 2NO_2^- \longrightarrow 2NO + I_2 + 2H_2O$$

亚硝酸盐在强氧化剂存在时具有一定的还原性,其氧化产物为 NO_3^-。

$$2MnO_4^- + 6H^+ + 5NO_2^- \longrightarrow 2Mn^{2+} + 5NO_3^- + 3H_2O$$

HNO_3 是一种强酸,且具有强氧化性。HNO_3 可以把许多非金属单质(C、P、S等)氧化为相应的氧化物或含氧酸,而自身被还原为NO。

$$3I_2 + 10HNO_3 \longrightarrow 6HIO_3 + 10NO + 2H_2O$$

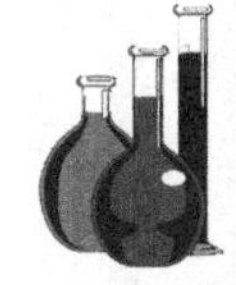

金属与 HNO_3 作用后生成可溶性硝酸盐，HNO_3 作为氧化剂可被还原为 NO_2、NO、N_2O、N_2、NH_3(NH_4^+)。一般情况下，其产物是上述某些物质的混合物，以哪种还原产物为主取决于 HNO_3 的浓度及金属的活泼性。浓 HNO_3 主要被还原为 NO_2；稀 HNO_3 通常被还原为 NO；较稀 HNO_3 与较活泼金属反应，可得到 N_2O；当 HNO_3 很稀时，则可被还原为 NH_4^+。

$$4Zn+10HNO_3 \longrightarrow 4Zn(NO_3)_2+N_2O+5H_2O$$

$$4Zn+10HNO_3 \longrightarrow 4Zn(NO_3)_2+NH_4NO_3+3H_2O$$

正磷酸可形成磷酸二氢盐、磷酸一氢盐和正盐三种类型的盐。磷酸正盐比较稳定，一般不易分解，但酸式盐受热容易脱水成为焦磷酸盐或偏磷酸盐。大多数磷酸二氢盐易溶于水，而磷酸一氢盐和正盐(除钠、钾等少数盐外)都难溶于水。PO_4^{3-} 由于其水解作用而使溶液呈碱性；HPO_4^{2-} 的水解程度比其解离度大，也使溶液呈碱性；$H_2PO_4^-$ 水解程度不如其解离度大，而使溶液呈弱酸性。磷酸是磷的最高氧化态化合物，但却没有氧化性。

硅、硼元素位于周期系ⅣA 和ⅢA 族，其价电子构型分别为 $3s^23p^2$ 和 $2s^22p^1$，由于在周期表中处在对角线位置，所以它们性质相似。

硅酸是一种几乎不溶于水的二元弱酸，由于硅酸易发生缩合作用，所以硅酸从水溶液中析出时一般呈凝胶状，烘干、脱水后得到干燥剂——硅胶。

硼是缺电子原子，因此，硼酸是典型 Lewis 酸，H_3BO_3 在水溶液中不是解离出 H^+，而是结合了水中的 OH^-，因此，它是一元弱酸。

$$B(OH)_3+H_2O \rightleftharpoons B(OH)_4^-+H^+$$

在 H_3BO_3 中加入多羟基化合物(如甘油、甘露醇等)，可使溶液酸性大为增强。

$$2\begin{array}{l}CH_2OH\\|\\CHOH\\|\\CH_2OH\end{array}+H_3BO_3 = \left[\begin{array}{ccccc}CH_2-O & & & & O-CH_2\\ | & \diagdown & & \diagup & |\\ HO-CH & & B & & CH-OH\\ | & \diagup & & \diagdown & |\\ CH_2-O & & & & O-CH_2\end{array}\right]^- +H^+ +3H_2O$$

由于硼是缺电子原子，硼酸能和醇反应形成硼酸酯类化合物，这一反应进行时应加入浓 H_2SO_4 作为脱水剂，以抑制硼酸酯的水解。硼酸酯可挥发并燃烧，燃烧时火焰呈绿色，这反应特征可用来鉴定硼酸根。

$$H_3BO_3+3CH_3OH \xlongequal{H_2SO_4} B(OCH_3)_3+3H_2O$$

熔融的硼砂能与多数金属元素的氧化物及盐类形成各种不同颜色化合物。利用此特性可以检验某些金属元素的存在，称为硼砂珠实验。

$$Na_2B_4O_7+CoO = 2NaBO_2\cdot Co(BO_2)_2\text{(蓝宝石色)}$$

三、预习要求

1. 氮族、硅、硼化合物的主要性质。

2. 硼砂珠实验(二维码 5-1)。

四、仪器与试剂

仪器：铁架台，石棉网，试管，烧杯，酒精灯，蒸发皿，表面皿。

药品：3mol/L H_2SO_4 溶液，浓 H_2SO_4，2mol/L HCl 溶液，6mol/L HCl 溶液，

0.5mol/L HNO_3 溶液，浓 HNO_3，饱和硼酸溶液，6mol/L NaOH 溶液，2mol/L 氨水，0.1mol/L $NaNO_2$ 溶液，饱和 $NaNO_2$ 溶液，0.1mol/L Na_3PO_4 溶液，0.1mol/L Na_2HPO_4 溶液，0.1mol/L NaH_2PO_4 溶液，0.1mol/L $Na_4P_2O_7$ 溶液，20% Na_2SiO_3 溶液，0.1mol/L KI 溶液，0.1mol/L $KMnO_4$ 溶液，0.5mol/L $CaCl_2$ 溶液，0.2mol/L $CuSO_4$ 溶液，0.1mol/L $AgNO_3$ 溶液，NH_4Cl(s)，$(NH_4)_2SO_4$(s)，$(NH_4)_2Cr_2O_7$(s)，$NaNO_3$(s)，$CaCl_2 \cdot 6H_2O$(s)，$CrCl_3$(s)，$MnSO_4 \cdot 6H_2O$(s)，$FeSO_4 \cdot 7H_2O$(s)，$FeCl_3 \cdot 6H_2O$(s)，$Co(NO_3)_2 \cdot 6H_2O$(s)，$NiSO_4 \cdot 7H_2O$(s)，$CuSO_4 \cdot 5H_2O$(s)，$Cu(NO_3)_2$(s)，$AgNO_3$(s)，$ZnSO_4 \cdot 7H_2O$(s)，甘油，无水乙醇，锌粒(s)，硼酸(s)，硼砂(s)。

材料：pH 试纸，酚酞试纸，冰，木条，铂丝(或镍铬丝)。

五、实验内容

1. 铵盐的热分解

在一支干燥的试管中，放入约 0.5g NH_4Cl 固体，将试管垂直固定在铁架台的铁夹上，并将润湿的 pH 试纸横放在管口。加热，观察试纸颜色的变化及在试管壁上部有何现象发生。

分别用$(NH_4)_2SO_4$ 和$(NH_4)_2Cr_2O_7$ 固体(用量均减少一半)代替 NH_4Cl 重复上述实验，观察并比较它们的热分解产物。

2. 亚硝酸与亚硝酸盐

(1)亚硝酸的生成和分解　在试管中加入 1mL 饱和 $NaNO_2$ 溶液，放在冰水浴中冷却，加入 1mL 3mol/L H_2SO_4 溶液，使之混合均匀，观察反应情况和产物的颜色。将试管从冰水中取出，放置片刻，观察有何现象发生(现象不明显时可微热)。

(2)亚硝酸的氧化性和还原性　在试管中加入 1～2 滴 0.1mol/L KI 溶液，用 3mol/L H_2SO_4 溶液酸化，然后滴加 0.1mol/L $NaNO_2$ 溶液，观察现象。

用 0.1mol/L $KMnO_4$ 溶液代替 KI 溶液重复上述实验，观察溶液颜色的变化。

3. 硝酸与硝酸盐

(1)硝酸的氧化性　取 2 支试管，各放入 1 枚锌粒，分别加入 1mL 浓 HNO_3 和 1mL 0.5mol/L HNO_3 溶液，观察两者反应速率和反应产物有何不同。

取 2 滴锌与稀 HNO_3 反应后的溶液滴到一只表面皿上，加几滴 6mol/L NaOH 溶液，迅速盖上另一块粘有湿润的酚酞试纸的表面皿，在水浴中加热，观察酚酞试纸是否变为红色。

(2)硝酸盐的热分解　在 3 支干燥的试管中分别放入约 0.5g $NaNO_3$、$Cu(NO_3)_2$、$AgNO_3$固体，将试管倾斜加热，观察反应的情况和产物的颜色，检验反应生成的气体。

[思考题 1]　如何检验所生成的气体是氧气？

4. 磷酸盐的性质

(1)磷酸盐的酸碱性　取三支试管，各加入 0.5mL 0.1mol/L Na_3PO_4 溶液、0.1mol/L Na_2HPO_4 溶液和 0.1mol/L NaH_2PO_4 溶液，用 pH 试纸测其 pH，再各滴加适量的 0.1mol/L $AgNO_3$ 溶液，观察是否有沉淀产生及沉淀的颜色，然后，再用 pH 试纸检验溶液的酸碱性变化。

[思考题2] NaH_2PO_4 显酸性，是否酸式盐溶液都呈酸性？为什么？请举例说明。

(2)磷酸盐的溶解性　取三支试管，分别加入 0.5mL 0.1mol/L Na_3PO_4 溶液、0.1mol/L Na_2HPO_4 溶液和 0.1mol/L NaH_2PO_4 溶液，再加入等体积的 0.5mol/L $CaCl_2$ 溶液，观察有何现象，用 pH 试纸测定它们的 pH。滴加少量 2mol/L 氨水，再逐滴加入 2mol/L HCl 溶液，又有何变化？

[思考题3] 比较磷酸钙、磷酸氢钙、磷酸二氢钙的溶解性，说明它们之间相互转化的条件。

(3)磷酸盐的配位性　取 0.5mL 0.2mol/L $CuSO_4$ 溶液，逐滴加入 0.1mol/L $Na_4P_2O_7$ 溶液，观察沉淀的生成。继续滴加 $Na_4P_2O_7$ 溶液，沉淀是否溶解？

5. 硅酸与硅酸盐

(1)硅酸凝胶的生成　往 2mL 20% Na_2SiO_3 溶液中滴加 6mol/L HCl 溶液，观察产物的颜色、状态。

(2)微溶性硅酸盐的生成　在 100mL 的小烧杯中加入约 50mL 20% Na_2SiO_3 溶液，然后把 $CaCl_2 \cdot 6H_2O$、$Co(NO_3)_2 \cdot 6H_2O$、$CuSO_4 \cdot 5H_2O$、$ZnSO_4 \cdot 7H_2O$、$NiSO_4 \cdot 7H_2O$、$MnSO_4 \cdot 6H_2O$、$FeSO_4 \cdot 7H_2O$、$FeCl_3 \cdot 6H_2O$ 固体各一小粒投入烧杯内，放置一段时间后观察有何现象发生。

6. 硼酸

(1)硼酸的性质　取 1mL 饱和硼酸溶液，用 pH 试纸测其 pH。在硼酸溶液中滴入 3～4 滴甘油，用 pH 试纸再测溶液的 pH，观察 pH 的变化。

(2)硼酸的焰色鉴定反应　在蒸发皿中放入少量硼酸晶体、1mL 无水乙醇和几滴浓 H_2SO_4，混合后点燃，观察火焰的颜色有何特征。

[思考题4] 为什么说硼酸是一元酸？在硼酸溶液中加入多羟基化合物后，溶液的酸度会怎样变化？为什么？

7. 硼砂珠实验

取一端弯成小圈的铂丝(或镍铬丝)，用 6mol/L HCl 溶液清洗铂丝，然后将其置于氧化焰上灼烧(重复两三次)至无色，然后蘸上一些硼砂固体，在氧化焰中灼烧并熔融成圆珠，观察硼砂珠的颜色、状态。用灼热的硼砂珠分别沾上少量 $Co(NO_3)_2 \cdot 6H_2O$、$CrCl_3$ 固体，熔融之。冷却后观察硼砂珠的颜色。

六、数据记录与处理

实验步骤	实验现象	结论及反应式

(陈素清编)

实验 22　常见非金属阴离子的鉴定反应

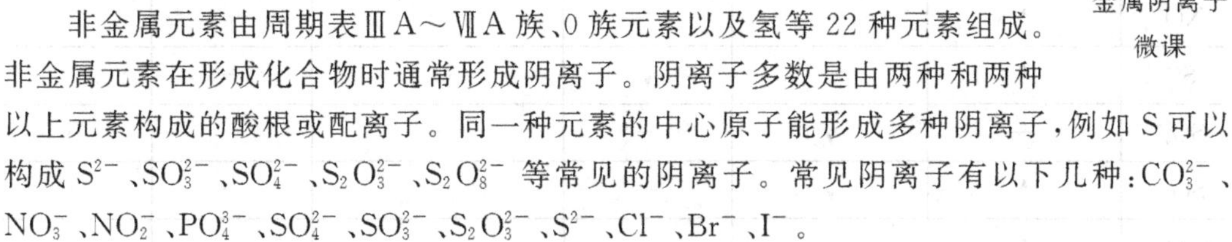

一、实验目的

5-5　常见非金属阴离子微课

1. 学习并掌握常见阴离子的特征反应及鉴定方法。

2. 掌握阴离子鉴定的初步实验步骤及操作。

二、实验原理

非金属元素由周期表ⅢA～ⅦA 族、0 族元素以及氢等 22 种元素组成。非金属元素在形成化合物时通常形成阴离子。阴离子多数是由两种和两种以上元素构成的酸根或配离子。同一种元素的中心原子能形成多种阴离子，例如 S 可以构成 S^{2-}、SO_3^{2-}、SO_4^{2-}、$S_2O_3^{2-}$、$S_2O_8^{2-}$ 等常见的阴离子。常见阴离子有以下几种：CO_3^{2-}、NO_3^-、NO_2^-、PO_4^{3-}、SO_4^{2-}、SO_3^{2-}、$S_2O_3^{2-}$、S^{2-}、Cl^-、Br^-、I^-。

在非金属阴离子中，有的与酸作用生成挥发性的物质，有的与试剂作用生成沉淀，也有的呈现氧化还原性质。利用这些特点，根据溶液中离子共存情况，通常先通过初步试验或分组试验，排除不可能存在的离子，然后鉴定可能存在的离子。

初步试验一般包括试液的酸碱性试验、与酸反应产生气体的试验、各种阴离子的沉淀性质或氧化还原性质试验等。预先做初步试验，可排除某些离子存在的可能性，从而简化分析步骤。

若试液呈强酸性，则可以初步确定易被酸分解的离子，如 CO_3^{2-}、NO_2^-、$S_2O_3^{2-}$ 等不存在。

若在试液中加入稀 H_2SO_4 或稀 HCl，有气体产生，表示可能存在 CO_3^{2-}、SO_3^{2-}、$S_2O_3^{2-}$、S^{2-}、NO_2^- 等离子。根据生成气体的颜色和气味以及生成气体具有某些反应，确定其含有的阴离子。如可以初步确定 NO_2^- 被酸分解生成红棕色 NO_2 气体且能将润湿的淀粉-碘化钾试纸变蓝，S^{2-} 被酸分解产生的 H_2S 气体可使醋酸铅试纸变黑。

在酸化的试液中加入 KI 溶液和 CCl_4，振荡后 CCl_4 层呈玫瑰红色，则表示有氧化性阴离子，如 NO_2^- 存在。

在酸化的试液中，加入 $KMnO_4$ 稀溶液，若紫红色褪去，则可能存在 NO_2^-、$S_2O_3^{2-}$、SO_3^{2-}、S^{2-}、Br^-、I^- 等离子；若紫红色不褪，则上述离子都不存在或浓度太低，难以检测。试液经酸化后，加入 I_2-淀粉溶液，蓝色褪去，则表示存在 S^{2-}、SO_3^{2-}、$S_2O_3^{2-}$ 等离子。

可以根据 Ba^{2+} 和 Ag^+ 相应盐类的溶解性，试验整组阴离子是否存在。在中性或弱碱性试液中，用 $BaCl_2$ 能沉淀 CO_3^{2-}、SO_4^{2-}、SO_3^{2-}、$S_2O_3^{2-}$、PO_4^{3-} 等阴离子，这些离子称为钡组阴离子；用 $AgNO_3$ 能沉淀 S^{2-}、$S_2O_3^{2-}$、Cl^-、Br^-、I^- 等阴离子，然后用稀 HNO_3 酸化，沉淀不溶解，这些离子称为银组阴离子。

经过初步试验，可以对试液中可能存在的阴离子做出初步判断(见表 5-3)，然后根据阴离子特性反应做出鉴定。

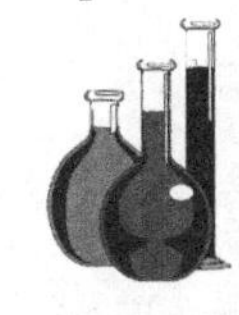

表 5-3 常见阴离子的初步试验

试验	气体放出试验	难溶性阴离子试验		氧化性阴离子试验	还原性阴离子试验	
试剂	稀 H_2SO_4	$BaCl_2$（中性或弱碱性）	$AgNO_3$（稀 HNO_3）	KI-淀粉（稀 H_2SO_4）	$KMnO_4$（稀 H_2SO_4）	I_2-淀粉（稀 H_2SO_4）
CO_3^{2-}	↑	↓	—	—	—	—
NO_3^-	—	—	—	—	—	—
NO_2^-	↑	—	—	+	+	—
S^{2-}	↑	—	↓	—	+	+
SO_4^{2-}	—	↓	—	—	—	—
SO_3^{2-}	↑	↓	—	—	+	+
$S_2O_3^{2-}$	↑	↓	↓	—	+	+
PO_4^{3-}	—	↓	—	—	—	—
Cl^-	—	—	↓	—	—	—
Br^-	—	—	↓	—	+	—
I^-	—	—	↓	—	+	—

常见的几种阴离子 CO_3^{2-}、NO_3^-、NO_2^-、S^{2-}、SO_4^{2-}、SO_3^{2-}、$S_2O_3^{2-}$、PO_4^{3-}、Cl^-、Br^-、I^- 的分别鉴定及其基本反应见表 8-7。

三、预习要求

常见阴离子分析（二维码 5-1）。

四、仪器与试剂

仪器：离心机，离心管，试管，滴管，点滴板，烧杯，玻棒，铁架台，酒精灯，石棉网。

试剂：1mol/L H_2SO_4 溶液，2mol/L H_2SO_4 溶液，浓 H_2SO_4，6mol/L HCl 溶液，2mol/L HNO_3 溶液，6mol/L HNO_3 溶液，2mol/L HAc 溶液，2mol/L NaOH 溶液，6mol/L 氨水，0.1mol/L Na_2CO_3 溶液，0.1mol/L $NaNO_3$ 溶液，0.1mol/L $NaNO_2$ 溶液，0.1mol/L Na_2SO_4 溶液，0.1mol/L Na_2SO_3 溶液，0.1mol/L $Na_2S_2O_3$ 溶液，0.1mol/L Na_3PO_4 溶液，0.1mol/L Na_2S 溶液，0.1mol/L NaCl 溶液，0.1mol/L NaBr 溶液，0.1mol/L NaI 溶液，0.01mol/L $KMnO_4$ 溶液，12% $(NH_4)_2CO_3$ 溶液，0.1mol/L $(NH_4)_2MoO_4$ 溶液，0.1mol/L $BaCl_2$ 溶液，0.1mol/L $AgNO_3$ 溶液，1% 对氨基苯磺酸溶液，0.4% α-萘胺溶液，9% 亚硝酰铁氰化钠溶液，新配制的石灰水，氯水，CCl_4，$FeSO_4$(s)，锌粉(s)。

五、实验内容

1. CO_3^{2-} 的鉴定

取 10 滴 0.1mol/L Na_2CO_3 溶液于离心管中，用 pH 试纸测定其 pH，倾斜试管，沿试管内壁滴加 10 滴 6mol/L HCl溶液，并立即将事先沾有 1 滴新配制的石灰水溶液的玻棒置于试管口上，仔细观察，如玻棒上溶液立刻变为白色浑浊，结合溶液的 pH，可以判断有 CO_3^{2-} 存在。

[思考题 1] S^{2-} 和 SO_3^{2-} 可能干扰 CO_3^{2-} 的鉴定，可采用什么方法消除？

2. NO_3^- 的鉴定

取 2 滴 0.1mol/L $NaNO_3$ 溶液于点滴板上，在溶液的中央放一小粒 $FeSO_4$ 晶体，然后在晶体上加 1 滴浓 H_2SO_4。如结晶周围有棕色环出现，示有 NO_3^- 存在。

[思考题 2] 采用上述方法以棕色环鉴定 NO_3^- 时，溶液能否搅动，为什么？

3. NO_2^- 的鉴定

取 2 滴 0.1mol/L $NaNO_2$ 溶液于点滴板上，加 1 滴 2mol/L HAc 溶液酸化，再加 1 滴对氨基苯磺酸溶液和 1 滴 α-萘胺溶液，如有玫瑰红色出现，示有 NO_2^- 存在。

4. SO_4^{2-} 的鉴定

取 5 滴 0.1mol/L Na_2SO_4 溶液于试管中，加 2 滴 6mol/L HCl 溶液和 1 滴 0.1mol/L $BaCl_2$ 溶液，如有白色沉淀，示有 SO_4^{2-} 存在。

[思考题 3] 在中性或弱碱性阴离子溶液中，加入 $BaCl_2$ 溶液，如有白色沉淀，可能存在哪些阴离子？沉淀析出后加酸酸化，如溶液仍呈白色浑浊，能否确定一定是有 SO_4^{2-} 存在？

5. SO_3^{2-} 的鉴定

在盛有 5 滴 0.1mol/L Na_2SO_3 溶液的试管中，加入 2 滴 1mol/L H_2SO_4 溶液，再迅速加入 1 滴 0.01mol/L $KMnO_4$ 溶液，如紫红色褪去，示有 SO_3^{2-} 存在。

6. $S_2O_3^{2-}$ 的鉴定

取 3 滴 0.1mol/L $Na_2S_2O_3$ 溶液于试管中，加 10 滴 0.1mol/L $AgNO_3$ 溶液，摇动，如有白色沉淀且迅速变棕变灰，示有 $S_2O_3^{2-}$ 存在。

7. PO_4^{3-} 的鉴定

取 3 滴 0.1mol/L Na_3PO_4 溶液于离心管中，加 5 滴 6mol/L HNO_3 溶液，再加 8～10 滴 0.1mol/L $(NH_4)_2MoO_4$ 溶液，微热，如有黄色沉淀生成，示有 PO_4^{3-} 存在。

8. S^{2-} 的鉴定

取 1 滴 0.1mol/L Na_2S 溶液于离心管中，加 1 滴 2mol/L NaOH 溶液碱化，再加 1 滴 9%亚硝酰铁氰化钠溶液，如溶液变成紫色，示有 S^{2-} 存在。

9. Cl^- 的鉴定

取 3 滴 0.1mol/L NaCl 溶液于离心管中，加入 1 滴 2mol/L HNO_3 溶液酸化，再滴加 0.1mol/L $AgNO_3$ 溶液。如有白色沉淀产生，初步说明可能溶液中有 Cl^- 存在。将离心管置于水浴上微热，离心分离，弃去清液，于沉淀上加入 3～5 滴 6mol/L 氨水，用细玻棒搅拌，沉淀立即溶解，再加入 5 滴 6mol/L HNO_3 溶液酸化，如重新生成白色沉淀，示有 Cl^- 存在。

[思考题 4] 哪些离子与 $AgNO_3$ 溶液反应，生成白色沉淀？加稀 HNO_3 的目的是什么？沉淀中加氨水的目的是什么？

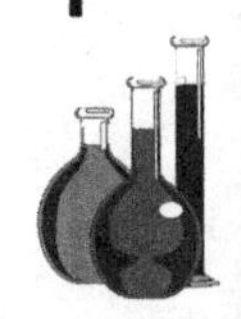

10. I^-的鉴定

取5滴0.1mol/L NaI溶液于试管中，加2滴2mol/L H_2SO_4 溶液及3滴 CCl_4，然后逐滴加入氯水，并不断振荡试管，如 CCl_4 层呈现玫瑰红色(I_2)，然后褪至无色(IO_3^-)，示有 I^- 存在。

[思考题5] 上述实验中加入 CCl_4 的目的是什么？

11. Br^-的鉴定

取5滴0.1mol/L NaBr溶液于离心管中，加入3滴2mol/L H_2SO_4 溶液及2滴 CCl_4，然后逐滴加入5滴氯水并振荡试管，如 CCl_4 层出现黄色或橙色，示有 Br^- 存在。

12. Cl^-、Br^-、I^-混合物的分离和鉴定

在离心管中加入0.5mL Cl^-、Br^-、I^-的混合溶液(自制)，用2～3滴6mol/L HNO_3 溶液酸化，再加入0.1mol/L $AgNO_3$ 溶液至沉淀完全，离心分离，弃去清液，沉淀用蒸馏水洗涤2次。

然后向沉淀中加入12% $(NH_4)_2CO_3$ 溶液，搅动，水浴加热1min，离心分离，保留沉淀，将离心液转入另一试管中，加入5滴6mol/L HNO_3 溶液酸化，如有白色沉淀生成，示有 Cl^- 存在。

将保留的沉淀用蒸馏水洗涤2次，弃去洗涤液，在沉淀上加入5滴蒸馏水和少许锌粉，充分搅拌，再加入2滴2mol/L H_2SO_4 溶液，离心分离，弃去残渣。在清液中加入10滴 CCl_4，然后逐滴加入氯水，并不断振荡试管，如 CCl_4 层呈现玫瑰红色(I_2)，示有 I^- 存在。

用滴管将 CCl_4 层吸出，转入普通试管中，继续滴加氯水并振荡试管，如 CCl_4 层玫瑰红色消失并出现黄色或橙色，示有 Br^- 存在。

[思考题6] 实验中为何以 $(NH_4)_2CO_3$ 溶液处理卤化银沉淀？可用什么溶液代替？

六、数据记录与处理

实验步骤	实验现象	结论及反应式

(陈素清编)

第6章 无机化合物制备实验

6-1 无机化合物的制备与表征

实验23 转化法制备氯化铵

一、实验目的

1. 学习并掌握用转化法制备 NH_4Cl 的原理和方法。

2. 进一步练习溶解、蒸发、结晶、过滤等基本操作。

二、实验原理

本实验利用 NaCl 与 $(NH_4)_2SO_4$ 复分解反应制备 NH_4Cl。

$$2NaCl+(NH_4)_2SO_4 \longrightarrow Na_2SO_4+2NH_4Cl$$

根据它们的溶解度及其受温度影响的差别，采取加热、蒸发、冷却等措施，使溶解向结晶转化，从而达到分离。

该反应中涉及的五种物质的溶解度见表6-1。

表6-1 不同温度下五种盐的溶解度

单位：g/100g 水

温度/℃	0	10	20	30	40	50	60	70	80	90	100
NaCl	35.7	35.8	36.0	36.2	36.5	36.8	37.3	37.6	38.1	38.6	39.2
$Na_2SO_4 \cdot 10H_2O$	4.1	9.1	20.4	41.0	—	—	—	—	—	—	—
Na_2SO_4	—	—	—	—	48.2	46.7	45.2	44.1	43.3	42.7	42.3
NH_4Cl	29.7	33.3	37.2	41.4	45.8	50.4	55.2	60.2	65.6	71.3	77.3
$(NH_4)_2SO_4$	70.6	73.0	75.4	78.0	81.0	84.4	88.0	91.6	95.3	99.2	103.3

由表可知，NH_4Cl、NaCl、$(NH_4)_2SO_4$ 在水中的溶解度均随温度的升高而增加，但 NaCl 的溶解度受温度的影响不大。$(NH_4)_2SO_4$ 的溶解度无论在低温还是高温都是最大的。Na_2SO_4 在水中的溶解度有一转折点，低温状态下 $Na_2SO_4 \cdot 10H_2O$ 的溶解度也是随温度的升高而增加，但达 32.4℃时 $Na_2SO_4 \cdot 10H_2O$ 脱水变成 Na_2SO_4，且溶解度随温度的升高而减小。因此，只要把 NaCl、$(NH_4)_2SO_4$ 溶于水，加热蒸发，Na_2SO_4 就会结晶析

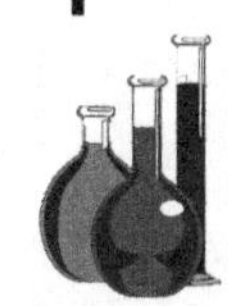

出，应趁热过滤，然后再将滤液冷却，NH_4Cl 晶体随温度的下降逐渐析出，在 35℃左右抽滤，即得 NH_4Cl 产品。

三、预习要求

1. 天平的使用(二维码 3-3)。

2. 转化法制备 NH_4Cl 的原理。

3. 溶解、过滤、蒸发、浓缩、结晶、干燥等基本操作(二维码 3-11)。

四、仪器与试剂

仪器：台秤，烧杯，量筒，漏斗，铁架台，石棉网，酒精灯，布氏漏斗，抽滤瓶，蒸发皿，恒温水浴锅，循环水真空泵。

试剂：$NaCl$ (s)，$(NH_4)_2SO_4$(s)。

五、实验内容

1. 称取 11g NaCl，放入 100mL 烧杯内，加入 30～40mL 蒸馏水，加热、搅拌使之溶解。若有不溶物，则用漏斗过滤分离，滤液用蒸发皿盛放。

2. 在滤液中加入 13g $(NH_4)_2SO_4$，水浴加热、搅拌，促使其溶解。继续加热至液面有大量晶膜析出，停止加热，放置冷却(用冰水浴冷却更好)，这时有大量 $Na_2SO_4 \cdot 10H_2O$ 结晶析出，抽滤，除去 $Na_2SO_4 \cdot 10H_2O$。

3. 将上述溶液转入蒸发皿中，继续加热并快速、不断地搅拌，当溶液减少到 35mL(提前做记号)左右时，溶液呈糨糊状，有大量 Na_2SO_4 析出，趁热抽滤(布氏漏斗应预先在热水中加热)。

[思考题 1]　在加热过程中要快速、不断地搅拌，为什么？

[思考题 2]　浓缩时要提前在 35mL 处做好记号，浓缩不能过度，为什么？

4. 将滤液迅速倒入 100mL 烧杯中，静置冷却，NH_4Cl 晶体逐渐析出，冷却至 35℃左右时，抽滤。

5. 把滤液重新置于水浴上加热蒸发，至有较多 Na_2SO_4 晶体析出，抽滤。倾出滤液于小烧杯中，静置冷却至 35℃左右，抽滤。如此重复两次。

6. 把三次所得的 NH_4Cl 晶体合并称量，计算产率。

7. 准确称量一干燥、洁净试管，加 1g 左右 NH_4Cl 产品于试管底部，称量后加热。若 NH_4Cl 全升华而无残渣，表明为纯产品；若有残渣，待冷却后称量灼烧后的试管，计算产品纯度。

[思考题 3]　如何计算产品的纯度？

六、数据记录与处理

产品外观：________；产品质量：________g；产率：________；纯度：______。

(梁华定编)

实验24　硫代硫酸钠的制备及纯度的测定

6-2　硫代硫酸钠微课

一、实验目的

1. 了解硫代硫酸钠的制备方法。
2. 进一步学习蒸发浓缩、减压过滤、结晶等基本操作。
3. 学习产品定性和定量分析方法。

二、实验原理

常温下从溶液中结晶出来的硫代硫酸钠为 $Na_2S_2O_3 \cdot 5H_2O$（俗名海波或大苏打），是一种无色透明的单斜晶体。$Na_2S_2O_3 \cdot 5H_2O$ 易溶于水，不溶于乙醇，熔点为48℃，易分解，易氧化；$S_2O_3^{2-}$ 具有较强的配位能力，在酸性溶液中易发生歧化反应，生成单质S和 SO_2。

本实验是利用 Na_2SO_3 与S共煮制备 $Na_2S_2O_3$。其反应式为

$$Na_2SO_3 + S \xrightarrow{\triangle} Na_2S_2O_3$$

$S_2O_3^{2-}$ 的定性鉴定通常是在含有 $S_2O_3^{2-}$ 溶液中加入过量的 $AgNO_3$ 溶液，立刻生成白色沉淀，此沉淀迅速变黄变棕，最后变成灰黑色。其反应式为

$$2Ag^+ + S_2O_3^{2-} \longrightarrow Ag_2S_2O_3 \downarrow \text{（白色）}$$

$$Ag_2S_2O_3 + H_2O \longrightarrow H_2SO_4 + Ag_2S \downarrow \text{（黑色）}$$

$Na_2S_2O_3 \cdot 5H_2O$ 的含量测定通常采用碘量法，其反应式和计算式为

$$2S_2O_3^{2-} + I_2 \longrightarrow S_4O_6^{2-} + 2I^-$$

$$w_{Na_2S_2O_3 \cdot 5H_2O} = \frac{c_{I_2}\bar{V}_{I_2} \times 2 \times 248.20}{1000m_s} \times 100\%$$

式中，$w_{Na_2S_2O_3 \cdot 5H_2O}$ 为产品中 $Na_2S_2O_3 \cdot 5H_2O$ 的含量；c_{I_2} 和 $\bar{V}_{I_2}$ 分别为 I_2 标准溶液的浓度和平均体积，单位分别为mol/L和mL；m_s 为所取产品试样的质量，单位为g；248.20为 $Na_2S_2O_3 \cdot 5H_2O$ 的摩尔质量，单位为g/mol。

由于亚硫酸盐也能与 I_2-KI溶液发生下列反应：

$$SO_3^{2-} + I_2 + H_2O \longrightarrow SO_4^{2-} + 2I^- + 2H^+$$

所以，使用标准碘溶液定量测定 $Na_2S_2O_3$ 含量前，先要加甲醛，使之与溶液中的 Na_2SO_3 反应，生成加合物 $HOCH_2$-SO_3Na 来消除 Na_2SO_3 对测定结果的影响。

三、预习要求

1. $Na_2S_2O_3 \cdot 5H_2O$ 的制备方法、化学性质及产品定性和定量分析方法。
2. 蒸发浓缩、减压过滤、结晶等基本操作（二维码3-11）。

四、仪器与试剂

仪器：台秤，电子天平，电炉，烧杯，蒸发皿，恒温水浴锅，抽滤瓶，布氏漏斗，循环水真空泵，点滴板，铁架台，锥形瓶，滴定管，移液管。

试剂：Na_2SO_3(s)，硫粉(s)，95%乙醇溶液，0.1mol/L $AgNO_3$ 溶液，40%甲醛溶液（中性，配制方法：在50mL 40%分析纯甲醛溶液中加入1mL 0.5%酚酞乙醇水溶液，用

0.02mol/L NaOH 溶液滴定到微红,贮于密闭的玻璃瓶中),HAc-NaAc 缓冲溶液(含 NaAc 1mol/L、HAc 0.1mol/L),0.05000mol/L I_2 标准溶液,1% 淀粉溶液。

材料:吸水纸。

五、实验内容

1. $Na_2S_2O_3 \cdot 5H_2O$ 的制备

称取 2g 硫粉于 100mL 的烧杯中,并用少量 95%乙醇溶液调成膏状,加入 6g Na_2SO_3 和 40mL 蒸馏水。将烧杯置于电炉上加热至沸,保持微沸约 40min(同时不断地搅拌,中途应适当补加蒸馏水,使得反应总体积不低于 20mL)后,趁热常压过滤。滤液直接过滤在蒸发皿中,水浴蒸发滤液至有晶膜出现。取下蒸发皿,冷却,待晶体完全析出后,减压过滤,并用吸水纸吸干晶体表面的水分,将晶体放在 40℃的烘箱中,干燥 40~60min。称量,计算产率。

[思考题 1] 反应中乙醇的主要作用是什么?

[思考题 2] 蒸发结晶 $Na_2S_2O_3 \cdot 5H_2O$ 晶体及干燥 $Na_2S_2O_3 \cdot 5H_2O$ 晶体的温度应如何控制?

[思考题 3] 在计算产率时,应以 Na_2SO_3 还是以硫粉的用量来计算,为什么?

2. 产品的鉴定

(1)定性鉴定　取少量产品,加水溶解。取此水溶液数滴,加入过量 $AgNO_3$ 溶液,观察沉淀的生成及其颜色变化。

[思考题 4] 不同量的 Na_2SO_3 与 $AgNO_3$ 溶液反应,作用有什么不同?用反应方程式表示之。

(2)$Na_2S_2O_3 \cdot 5H_2O$ 含量的测定　准确称取 0.6g 产品(精确至 0.1mg)于锥形瓶中,加入刚煮沸过并冷却的蒸馏水 20mL,使其完全溶解。再依次加入 5mL 40%中性甲醛溶液和 10mL HAc-NaAc 缓冲溶液,摇匀,此时溶液的 pH 值近似为 6。用 I_2 标准溶液滴定,近终点时,加 1~2mL 1%淀粉溶液,继续滴定至溶液呈蓝色,30s 内不消失即为终点,再平行滴定两份。

[思考题 5] 在定量测定产品中 $Na_2S_2O_3 \cdot 5H_2O$ 的含量时,为什么要用刚煮沸过并冷却的蒸馏水溶解样品?

六、数据记录与处理

1. $Na_2S_2O_3 \cdot 5H_2O$ 的制备

Na_2SO_3 的质量/g	硫粉的质量/g	理论产量/g	实际产量/g	产率/%

2. 产品的鉴定

(1) 定性鉴定

实验步骤	实验现象	结论及反应式

(2)$Na_2S_2O_3 \cdot 5H_2O$ 含量的测定

测定序号		1	2	3
产品取样质量/g				
V_{I_2}/mL	初读数			
	终读数			
	净用量			
	平均值			
c_{I_2}/(mol/L)				
产品中 $Na_2S_2O_3 \cdot 5H_2O$ 质量分数/%				

（赵松林编）

实验 25　五水硫酸铜的制备及铜含量的测定

一、实验目的

1. 了解由金属制备盐的一种方法。
2. 掌握五水硫酸铜制备、提纯及纯度检验的原理和方法。
3. 掌握减压过滤、蒸发浓缩和重结晶等基本操作。

二、实验原理

$CuSO_4 \cdot 5H_2O$ 俗名胆矾，蓝色晶体，易溶于水，难溶于乙醇，在干燥空气中可缓慢风化，不同温度下会逐步脱水，将其加热至 260℃以上，可失去全部结晶水而成为白色的无水 $CuSO_4$ 粉末。

由铜屑制备 $CuSO_4 \cdot 5H_2O$ 的方法有许多种，工业上通常利用废铜粉灼烧氧化法制备。即先将杂铜焙烧氧化制成 CuO，然后将所得 CuO 在加热条件下溶于 H_2SO_4 中，再经澄清、过滤、结晶、重结晶、过滤和洗涤，即得成品。有关的化学反应方程式如下：

$$2Cu + O_2 \xrightarrow{\triangle} 2CuO$$

$$CuO + H_2SO_4 \longrightarrow CuSO_4 + H_2O$$

也可采用浓 HNO_3 作氧化剂，将废铜和 H_2SO_4、浓 HNO_3 反应来制备 $CuSO_4$。其反应式为

$$Cu + 2HNO_3 + H_2SO_4 \longrightarrow CuSO_4 + 2NO_2\uparrow + 2H_2O$$

本实验利用铜屑 H_2O_2 氧化法制备 $CuSO_4 \cdot 5H_2O$。即先将铜屑在空气中灼烧去除油脂等有机污染物，然后将其在 H_2SO_4 存在条件下被 H_2O_2 氧化成 Cu^{2+}，再蒸发浓缩结晶得到$CuSO_4 \cdot 5H_2O$。

$$Cu + H_2O_2 + H_2SO_4 + 3H_2O \longrightarrow CuSO_4 \cdot 5H_2O$$

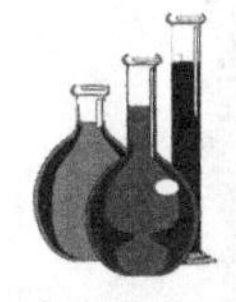

由于铜屑不纯，所得 $CuSO_4$ 溶液中常含有不溶性杂质、可溶性杂质[如 $FeSO_4$、$Fe_2(SO_4)_3$]及其他重金属盐等。用 H_2O_2 将 Fe^{2+} 氧化为 Fe^{3+}，然后调节溶液 pH≈4.0 后加热煮沸，使 Fe^{3+} 水解为 $Fe(OH)_3$ 沉淀滤去。其反应式为

$$2Fe^{2+} + 2H^+ + H_2O_2 \longrightarrow 2Fe^{3+} + 2H_2O$$

$$Fe^{3+} + 3H_2O \longrightarrow Fe(OH)_3 \downarrow + 3H^+$$

$CuSO_4 \cdot 5H_2O$ 在水中的溶解度随温度的升高而明显增大(见表 6-2)，因此可通过重结晶法使粗硫酸铜中的其他杂质留在母液中，从而得到较纯的蓝色五水硫酸铜晶体。

表 6-2　不同温度下 $CuSO_4 \cdot 5H_2O$ 的溶解度

温度/℃	0	20	40	60	80	100
溶解度/(g/100g 水)	23.1	32.0	44.6	61.8	83.8	114.0

产品中的 Cu^{2+} 含量通过氧化还原滴定法测定。在酸性条件下，Cu^{2+} 可被 KI 还原并生成 CuI 沉淀，同时定量地析出 I_2，然后以淀粉溶液为指示剂，用 $Na_2S_2O_3$ 标准溶液滴定。有关反应式及 Cu^{2+} 含量计算式如下：

$$2Cu^{2+} + 5I^- \longrightarrow 2CuI \downarrow + I_3^-$$

$$2Na_2S_2O_3 + I_3^- \longrightarrow S_4O_6^{2-} + 3I^-$$

$$w_{Cu} = \frac{c_{Na_2S_2O_3} V_{Na_2S_2O_3} \times 63.55}{1000 m_s} \times 100\%$$

式中，w_{Cu} 为产品中 Cu^{2+} 的含量；$c_{Na_2S_2O_3}$ 和 $V_{Na_2S_2O_3}$ 分别为所用 $Na_2S_2O_3$ 标准溶液的摩尔浓度和体积，单位分别为 mol/L 和 mL；m_s 为所取产品试样的质量，单位为 g；63.55 为 Cu 的摩尔质量，单位为 g/mol。

结晶水与盐类结合得比较牢固，但受热到一定温度时，可以部分或全部脱去结晶水。其结晶水含量可通过灼烧称量方法确定(详见实验 7)。

三、预习要求

1. 加热与冷却，固液分离(二维码 3-1、二维码 3-11)。
2. $CuSO_4 \cdot 5H_2O$ 的溶解度数据。
3. 铜、硫酸铜及 H_2O_2 等的性质。

四、仪器与试剂

仪器：台秤，天平，电炉，量杯，烧杯，循环水真空泵，布氏漏斗，抽滤瓶，蒸发皿，坩埚，表面皿，恒温水浴锅，锥形瓶，碱式滴定管。

试剂：铜粉(铜矿石或其他含铜废料)(s)，1mol/L H_2SO_4 溶液，3mol/L H_2SO_4 溶液，30% H_2O_2 溶液，2mol/L NaOH 溶液，0.1000mol/L $Na_2S_2O_3$ 标准溶液(实验室事先标定)，1mol/L KSCN 溶液，100g/L KI 溶液，1% 淀粉溶液，无水乙醇等。

材料：精密 pH 试纸，吸水纸。

五、实验内容

1. $CuSO_4 \cdot 5H_2O$ 粗产品的制备

称取 2.0g 铜粉放入 100mL 烧杯中，加入 3mol/L H_2SO_4 溶液 12mL，水浴加热至

40～50℃，缓慢滴加30% H_2O_2 溶液4～6mL，同时不断地搅拌。反应完全后（若有过量铜屑，补加少量3mol/L H_2SO_4 溶液和30% H_2O_2 溶液至铜屑消失），加热煮沸2min[除去过量的 H_2O_2 和使 Fe^{3+} 水解为 $Fe(OH)_3$]，趁热过滤（弃去不溶性杂质），将溶液转移到蒸发皿中，用1mol/L H_2SO_4 溶液调溶液的pH至1～2，水浴加热浓缩至表面有晶膜出现后，取下蒸发皿，冷却至室温，减压过滤，得到 $CuSO_4 \cdot 5H_2O$ 粗产品，晾干（或吸干），称量，计算产率（回收母液）。

[思考题1] 铜屑在氧化溶解之前灼烧目的是什么？此过程能否将Cu全部氧化形成CuO？灼烧过程中需要注意哪些问题？

[思考题2] H_2O_2 为什么要缓慢滴加？

[思考题3] 浓缩结晶之前为什么要调节溶液pH为1～2？能否将溶液蒸干得到晶体？

2. $CuSO_4 \cdot 5H_2O$ 的重结晶法提纯

将粗产品放在100mL烧杯中，加入1.2倍质量的蒸馏水，加热使其全部溶解，用1mol/L H_2SO_4 溶液调pH至1～2，趁热过滤（若无不溶性杂质，可不过滤），滤液自然冷却至室温（若无晶体析出，水浴加热浓缩至表面出现晶膜），减压过滤，用少量无水乙醇洗涤产品，尽量抽干。将产品转移至干净的表面皿上，用吸水纸吸干，称量，计算收率，回收母液。

3. $CuSO_4 \cdot 5H_2O$ 中Cu的含量分析

准确称取0.5～0.6g $CuSO_4 \cdot 5H_2O$ 晶体，置于250mL锥形瓶中，依次加5mL 1mol/L H_2SO_4 溶液和60mL水使其溶解，再加入10mL 100g/L KI溶液，摇匀，立即用 $Na_2S_2O_3$ 溶液滴定至浅黄色，加2mL淀粉溶液，继续滴定至溶液呈浅蓝色，再加入10mL 1mol/L KSCN溶液（溶液蓝色转深），继续滴定至蓝色消失即为终点，再平行测定两次，计算 $CuSO_4 \cdot 5H_2O$ 中Cu的含量。

[思考题4] 碘量法测定Cu时，淀粉指示剂为什么不在滴定前加入？

[思考题5] 为什么要加入KSCN？为什么又不能过早加入？

[思考题6] 影响碘量法测定Cu含量准确度的主要因素有哪些？

六、数据记录与处理

1. $CuSO_4 \cdot 5H_2O$ 粗产品的制备

铜屑质量/g	理论产量/g	实际产量/g	产率/%	产品外观和性状

2. $CuSO_4 \cdot 5H_2O$ 的重结晶法提纯

粗产品质量/g	重结晶后的产品质量 /g	收率/%

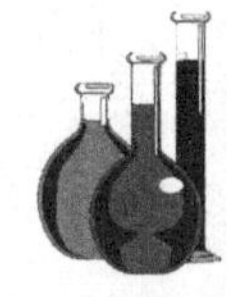

3. $CuSO_4 \cdot 5H_2O$ 中 Cu 的含量分析

测定序号		1	2	3
$CuSO_4 \cdot 5H_2O$ 样品质量/g				
$Na_2S_2O_3$ 溶液摩尔浓度/(mol/L)				
$Na_2S_2O_3$ 溶液体积/mL				
样品中 Cu 含量/%	测定值			
	平均值			
产品等级				

附表 《硫酸铜(农用)》(GB 437—2009)

项目	指标
硫酸铜($CuSO_4 \cdot 5H_2O$)质量分数/%	≥98.0
砷含量/(mg/kg)	≤25
铅含量/(mg/kg)	≤125
镉含量/(mg/kg)	≤25
水不溶物质量分数/%	≤0.2
酸度(以 H_2SO_4 计)/%	≤0.2

(赵松林编)

实验 26 硫酸亚铁铵的制备及纯度的测定

一、实验目的

6-3 硫酸亚铁铵微课

1. 掌握制备复盐硫酸亚铁铵的方法,了解复盐的特性。

2. 掌握水浴加热、蒸发、浓缩、结晶、减压过滤等基本操作。

3. 了解无机物制备的投料、产量、产率的有关计算及产品纯度的检验方法。

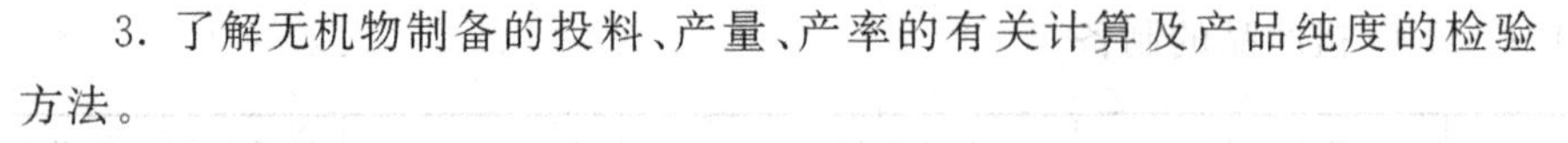

二、实验原理

硫酸亚铁铵$(NH_4)_2SO_4 \cdot FeSO_4 \cdot 6H_2O$,俗称摩尔盐,为浅蓝绿色单斜晶体,易溶于水,难溶于酒精。它在空气中比亚铁盐稳定,不易被氧化。因此,其应用广泛,在化学上用作还原剂,工业上常用作废水处理的混凝剂,在农业上既是农药又是肥料,在滴定分析中常用作氧化还原滴定法中的基准物。

本实验采用过量铁和稀 H_2SO_4 作用生成硫酸亚铁。

$$Fe + 2H^+ \longrightarrow Fe^{2+} + H_2\uparrow$$

往 $FeSO_4$ 溶液中加入等物质的量的$(NH_4)_2SO_4$,并使其全部溶解。由于复盐的溶解度比组成它的简单盐要小(各物质的溶解度数据见表6-3),因此经蒸发浓缩、冷却后,复盐从水溶液中首先结晶,析出浅绿色的$(NH_4)_2SO_4 \cdot FeSO_4 \cdot 6H_2O$晶体。

$$Fe^{2+} + 2NH_4^+ + 2SO_4^{2-} + 6H_2O \longrightarrow (NH_4)_2SO_4 \cdot FeSO_4 \cdot 6H_2O$$

表6-3 不同温度下三种盐的溶解度

单位:g/100g 水

温度/℃	$FeSO_4 \cdot 7H_2O$	$(NH_4)_2SO_4$	$(NH_4)_2SO_4 \cdot FeSO_4 \cdot 6H_2O$
10	20.5	73.0	18.1
20	26.6	75.4	21.2
30	32.2	78.0	24.5
50	48.6	84.5	31.3
70	50.0	91.9	38.5

如果溶液的酸性减弱,则Fe^{2+}水解程度将会增大,影响复盐的形成。在制备$(NH_4)_2SO_4 \cdot FeSO_4 \cdot 6H_2O$的过程中,为了减少$Fe^{2+}$的水解作用,溶液需要保持足够的酸度。

制备摩尔盐的过程中,由于Fe^{2+}的氧化而影响到产品纯度,我们可以采用比色法估计产品中所含杂质Fe^{3+}的量。Fe^{3+}由于能与SCN^-生成红色的物质$[Fe(NCS)]^{2+}$,当红色较深时,表明产品中含Fe^{3+}较多;当红色较浅时,表明产品中含Fe^{3+}较少。因此,只要将所制备的$(NH_4)_2SO_4 \cdot FeSO_4 \cdot 6H_2O$与KSCN溶液在比色管中配制成待测溶液,将它所呈现的红色与含一定量的Fe^{3+}所配制成的标准$[Fe(NCS)]^{2+}$溶液的红色进行比较,根据红色深浅程度的情况,即可知待测溶液中杂质Fe^{3+}的含量,从而可确定产品的等级。

三、预习要求

1. 制备硫酸亚铁铵的基本反应原理、复盐的性质。

2. 水浴加热、蒸发、浓缩、结晶、倾泻法过滤及减压过滤等基本操作(二维码3-1、二维码3-11)。

3. 比色法检验产品纯度的原理与方法。

四、仪器与试剂

仪器:台秤,电子天平,锥形瓶,烧杯,蒸发皿,恒温水浴锅,循环水真空泵,布氏漏斗,蒸发皿,标准比色管,吸量管等。

试剂:铁屑(s),10% Na_2CO_3溶液,3mol/L H_2SO_4溶液,$(NH_4)_2SO_4$(s),95%乙醇溶液,25% KSCN溶液,0.1000mg/mL Fe^{3+}标准溶液[用$NH_4Fe(SO_4)_2 \cdot 12H_2O$配制]。

材料:pH试纸,吸水纸。

五、实验内容

1. 硫酸亚铁铵的制备

(1)$FeSO_4$溶液的制备　称取2.0g铁屑,放入100mL烧瓶中,加入10mL 3mol/L H_2SO_4溶液,在通风橱中水浴加热(水浴温度不要超过80℃,以免反应过猛,加热过程中

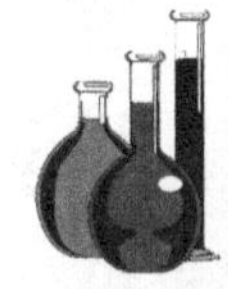

可补充蒸馏水，以保持溶液原有体积，并防止结晶析出）等反应速度明显减慢时（约30min），趁热减压过滤，分离溶液和残渣。过滤完后，将滤液转移至蒸发皿中。

[思考题1] 为什么在制备$FeSO_4$时要使Fe过量？如何计算$FeSO_4$理论产量？

（2）$(NH_4)_2SO_4 \cdot FeSO_4 \cdot 6H_2O$的制备　按照$n_{(NH_4)_2SO_4} : n_{FeSO_4} = 1:1$称取$(NH_4)_2SO_4$，配制成$(NH_4)_2SO_4$饱和溶液。将此饱和溶液加到上述$FeSO_4$溶液中（此时溶液的pH值应接近1，若偏大，可加几滴3mol/L H_2SO_4溶液调节），水浴蒸发，浓缩至表面出现晶膜为止，冷却，结晶，减压过滤，去除母液，并用4mL 95%乙醇溶液洗涤，吸干。将晶体转移到表面皿上晾干片刻，观察晶体颜色、形状，称重并计算产率。

[思考题2] 怎样确定所需要的$(NH_4)_2SO_4$用量？如何配制$(NH_4)_2SO_4$饱和溶液？

[思考题3] 制备$(NH_4)_2SO_4 \cdot FeSO_4 \cdot 6H_2O$时，为什么要保持溶液有较强的酸性？蒸发浓缩时是否需要搅拌，可不可以浓缩至干？

[思考题4] 能否将最后产物$(NH_4)_2SO_4 \cdot FeSO_4 \cdot 6H_2O$放在蒸发皿内直接加热干燥？为什么？

2. Fe^{3+}的限量分析

（1）Fe^{3+}标准溶液的配制　称取0.2158g $NH_4Fe(SO_4)_2 \cdot 12H_2O$，溶于少量蒸馏水中（为防止$Fe^{2+}$被溶解在水中的氧气氧化，可将蒸馏水加热至沸腾，以赶出水中溶入的氧气），加入2.5mL 3mol/L H_2SO_4溶液，移入250mL容量瓶中，用蒸馏水稀释至刻度，得到浓度为0.1000mg/mL的Fe^{3+}标准溶液。

（2）标准色阶溶液的配制　用移液管分别移取Fe^{3+}标准溶液0.50mL、1.00mL、2.00mL于25mL比色管中，各加1mL 3mol/L H_2SO_4溶液和1mL 25% KSCN溶液，再用新煮沸过放冷的蒸馏水将溶液稀释至25mL，摇匀，得到含Fe^{3+}量分别为0.05mg（一级）、0.10mg（二级）和0.20mg（三级）的三个等级的试剂标准溶液。

（3）产品等级的确定　称取1.0g上述实验所制得的晶体，加入25mL比色管中，用10mL不含氧的蒸馏水溶解，再加1mL 3mol/L H_2SO_4溶液和1mL 25% KSCN溶液，最后加入不含氧的蒸馏水将溶液稀释到25mL，摇匀，与标准溶液进行目视比色，确定产品的等级。

[思考题5] 产品中NH_4^+、Fe^{2+}和SO_4^{2-}等离子应如何鉴别？

六、数据记录与处理

1. 硫酸亚铁铵的制备

铁粉质量/g	$(NH_4)_2SO_4$质量/g	理论产量/g	实际产量/g	产率/%	产品外观

2. Fe^{3+}的限量分析

产品等级：________。

根据实验结果，对产品进行评价，并分析原因。

（赵松林编）

实验27　碱熔氧化歧化法制备高锰酸钾及纯度的测定

一、实验目的

1. 学习由软锰矿（或二氧化锰）碱熔氧化歧化法合成高锰酸钾的基本原理和操作方法。

2. 进一步熟悉熔融、浸取、过滤、结晶、氧化还原滴定等基本操作。

二、实验原理

$KMnO_4$ 是深紫色的针状晶体，是常见的氧化剂之一，可以采用以软锰矿（主要成分是 MnO_2）为原料制得。本实验先将软锰矿与碱（KOH）、氧化剂（$KClO_3$）共熔，得绿色的 K_2MnO_4 熔块。

$$3MnO_2+6KOH+KClO_3 \xrightarrow{\text{熔融}} 3K_2MnO_4+KCl+3H_2O$$

熔块用水浸提后，随着溶液碱性降低，MnO_4^{2-} 不稳定，发生歧化生成 $KMnO_4$ 和 MnO_2。在弱碱性或中性介质中，歧化反应趋势较小，反应速率较慢，在弱酸性介质中，MnO_4^{2-} 易发生歧化反应。因此，在实验过程中，通常向含有 K_2MnO_4 的溶液中通入 CO_2 气体，调节溶液为弱酸性，以促进 MnO_4^{2-} 的歧化反应。其反应式如下：

$$3K_2MnO_4+2CO_2 \longrightarrow 2KMnO_4+MnO_2\downarrow+2K_2CO_3$$

混合产物经过减压过滤除去 MnO_2 后，浓缩结晶即可析出暗紫色针状 $KMnO_4$ 晶体。

高锰酸钾的纯度可以采用氧化还原滴定的方法测定。即先准确称量一定量产品并配制成一定体积的溶液，以 $H_2C_2O_4$ 为标准物质，进行氧化还原滴定。

$H_2C_2O_4$ 与 $KMnO_4$ 在酸性溶液中发生下列反应：

$$2KMnO_4+5H_2C_2O_4+3H_2SO_4 \longrightarrow K_2SO_4+2MnSO_4+10CO_2\uparrow+8H_2O$$

$KMnO_4$ 的纯度（w_{KMnO_4}）可按下式计算：

$$w_{KMnO_4}=\frac{\frac{2}{5}c_{H_2C_2O_4}V_{H_2C_2O_4}\times V_s\times 158.03}{1000\times V_{KMnO_4}\times m_s}\times 100\%$$

式中，$c_{H_2C_2O_4}$ 和 $V_{H_2C_2O_4}$ 分别为标准 $H_2C_2O_4$ 溶液的浓度和体积，单位分别为 mol/L 和 mL；V_s 为 $KMnO_4$ 样品溶液配制体积；V_{KMnO_4} 滴定时消耗样品溶液的体积；m_s 为 $KMnO_4$ 样品的质量，单位为 g；158.03 为 $KMnO_4$ 的摩尔质量，单位为 g/mol。

三、预习要求

1. 软锰矿（或 MnO_2）制取 $KMnO_4$ 的基本原理和方法。

2. 熔融、浸取、过滤、结晶及滴定等基本操作（二维码 3-3、二维码 3-11）。

3. CO_2 钢瓶的构造和使用方法（教材 1.3.2）。

四、仪器与试剂

仪器：台秤，电子天平，泥三角，铁坩埚，坩埚钳，铁搅拌棒，玻棒，表面皿，容量瓶，移液管，滴定管，锥形瓶，布氏漏斗，抽滤瓶，循环水真空泵，玻璃砂芯漏斗，电炉。

试剂：软锰矿（或 MnO_2）(s)，KOH(s)，$KClO_3$(s)，Na_2SO_3(s)，CO_2（CO_2 钢瓶），0.05000mol/L $H_2C_2O_4$ 标准溶液，3mol/L H_2SO_4 溶液。

五、实验内容

1. $KMnO_4$ 的制备

(1)MnO_2 的熔融、氧化　称取 5.2g KOH 固体和 2.5g $KClO_3$ 固体，放入铁坩埚内，用铁棒将物料混合均匀。将铁坩埚放在电炉上，用坩埚钳夹紧，以小火加热，边加热边用铁棒搅拌。待混合物熔融后，一面搅拌，一面将 3.5g 软锰矿粉（或 3g MnO_2 粉末）分多批小心加入坩埚中（防止火星外溅）。随着反应的进行，熔融物的黏度逐渐增大，此时应用力搅拌，以防结块或粘在坩埚壁上。待反应物干涸后，加大电炉功率，强热 4～8min（熔融物仍保持翻动），即得墨绿色的 K_2MnO_4 熔融物。

［**思考题 1**］　KOH 溶解软锰矿时，应注意哪些安全问题？

［**思考题 2**］　为什么碱熔融时不用瓷坩埚和玻棒搅拌？

(2)K_2MnO_4 熔融物的浸提　待熔体冷却后，用铁棒尽量将熔块捣碎。将铁坩埚（连同熔融物）侧放入盛有 100mL 蒸馏水的 250mL 烧杯中，以小火共煮并用玻棒搅拌，直到熔融物全部溶解为止，静置片刻，用坩埚钳将铁坩埚小心取出。

(3)K_2MnO_4 的歧化　趁热向提取液中通入 CO_2 气体至 K_2MnO_4 全部歧化为止（溶液由墨绿色逐渐转为紫红色，用玻棒蘸取一些浸出液在滤纸上，如果滤纸上只显示紫红色而无绿色痕迹，即表示 K_2MnO_4 歧化完全，pH 在 10～11），然后静置片刻，抽滤。

［**思考题 3**］　该操作步骤中，要使用玻棒搅拌溶液，而不用铁棒，为什么？

［**思考题 4**］　抽滤 $KMnO_4$ 时，为什么不能使用滤纸？采用玻璃砂芯漏斗过滤后残留的棕色物质是什么？应如何清洗？

(4)$KMnO_4$ 溶液的蒸发结晶　将滤液倒入蒸发皿中，蒸发至表面开始析出 $KMnO_4$ 晶膜为止，自然冷却，结晶，抽滤，将 $KMnO_4$ 晶体尽可能抽干。

(5)$KMnO_4$ 晶体的干燥与称量　将晶体转移到已知质量的表面皿中，用玻棒将其分散。放入烘箱中（80℃为宜）干燥 0.5h，冷却后称量，计算产率，记录产品的颜色和形状。

2. 产品纯度的测定

准确称取自制的 $KMnO_4$ 晶体（约 0.4g），用 50mL 蒸馏水溶解，全部转移到 100mL 容量瓶内，用蒸馏水稀释至标线。

用移液管移取 25.00mL 0.05000mol/L $H_2C_2O_4$ 标准溶液于 250mL 锥形瓶中，加入 10mL 3mol/L H_2SO_4 溶液，混匀后在水浴中加热至 75～85℃，接着用 $KMnO_4$ 溶液进行滴定。记下所消耗的 $KMnO_4$ 溶液的体积。重复滴定两次，取其平均值。根据滴定结果，计算自制 $KMnO_4$ 晶体的纯度。

六、数据记录与处理

1. $KMnO_4$ 的制备

软锰矿（或 MnO_2）质量/g	产品质量/g	理论产量/g	实际产量/g	产率/%

2. 产品纯度的测定

测定序号		1	2	3
样品质量 m_s/g				
$H_2C_2O_4$ 标准溶液浓度 $c_{H_2C_2O_4}/(mol/L)$				
$H_2C_2O_4$ 标准溶液体积 $V_{H_2C_2O_4}/mL$				
消耗的 $KMnO_4$ 溶液体积 V_{KMnO_4}/mL	初读数			
	终读数			
	净用量			
$KMnO_4$ 的纯度 $w_{KMnO_4}/\%$				

（赵松林编）

实验 28　碱熔氧化电解法制备高锰酸钾及纯度的测定

一、实验目的

1. 掌握由软锰矿（或 MnO_2）经固体碱熔氧化电解的方法制备高锰酸钾的基本原理。

2. 练习加热熔融、浸取、过滤、结晶、电解和氧化还原滴定等基本操作。

二、实验原理

采用碱熔氧化歧化法从软锰矿中制取 $KMnO_4$，由于在歧化过程中只有 2/3 的 K_2MnO_4 转化为 $KMnO_4$，而另 1/3 转化为 MnO_2（经过减压过滤后除去），因而该方法的转化率较低（详见实验 27）。为了提高转化率，经过碱熔氧化产生 K_2MnO_4 后，可采用电解 K_2MnO_4 溶液的方法来制备 $KMnO_4$，其电极反应为

阳极　$2MnO_4^{2-} \longrightarrow 2MnO_4^- + 2e$

阴极　$2H_2O + 2e \longrightarrow H_2\uparrow + 2OH^-$

电池反应　$2K_2MnO_4 + 2H_2O \longrightarrow 2KMnO_4 + 2KOH + H_2\uparrow$

三、预习要求

1. 由软锰矿（或 MnO_2）经固体碱熔氧化电解法制取高锰酸钾的相关原理和方法。

2. 加热、浸取、过滤、结晶、电解和滴定等基本操作（二维码 3-3、二维码 3-11）。

四、仪器与试剂

仪器：电子天平，泥三角，铁坩埚，坩埚钳，铁搅拌棒，循环水真空泵，玻璃砂芯漏斗，整流器，安培计，电解装置（包括直流电源，粗铁丝，导线，光滑的镍片等），电炉，容量瓶，移液管，烧杯，滴定管，铁架台，玻棒等。

试剂：软锰矿（或 MnO_2）(s)，KOH(s)，$KClO_3$(s)，1mol/L H_2SO_4 溶液，4% KOH 溶液，0.05000mol/L $H_2C_2O_4$ 标准溶液。

材料：滤纸。

五、实验内容

1. $KMnO_4$ 的制备

(1)MnO_2 的熔融、氧化　参见实验 27。

(2)K_2MnO_4 熔融物的浸提　参见实验 27。

(3)电解法制备 $KMnO_4$　将 K_2MnO_4 溶液倒入 150mL 烧杯中，加热至 60℃，按图 6-1 所示装上电极。阳极是光滑的镍片(12.5cm×8cm)，卷成圆筒状，浸入溶液的面积约为 $32cm^2$；阴极为粗铁丝(直径约 2mm)，浸入溶液的面积为阳极的 1/10。电极间的距离 0.5～1.0cm。接通直流电源，控制阳极的电流密度为 $30mA/cm^2$，阴极电流密度 $300mA/cm^2$，槽电压为 2.5V，这时可观察到阴极上有气体放出，$KMnO_4$ 则在阳极析出而沉于烧杯底部，溶液由墨绿色逐渐转为紫红色。电解 1h 后，K_2MnO_4 已大部分转为 $KMnO_4$。此时用玻棒蘸取一些电解液在滤纸上，如果滤纸上只显示紫红色而无绿色痕迹，即可认为电解完毕。停止通电，取出电极。将烧杯放在冷水中冷却，使结晶完全，用玻璃砂芯漏斗将晶体抽干，称量，计算产率。

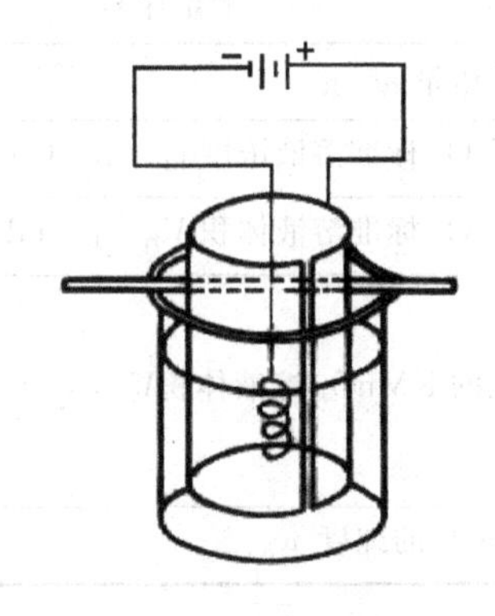

图 6-1　电解法制备装置

[**思考题 1**]　电解装置中为何要选择镍片为阳极材料？它在电解过程中为什么不被溶解？

[**思考题 2**]　电解法较歧化法有什么优点？

2. 产品纯度的测定

参见实验 27。

六、数据记录与处理

1. $KMnO_4$ 的制备

软锰矿(或 MnO_2)质量/g	产品质量/g	理论产量/g	实际产量/g	产率/%

2. 产品纯度的测定

测定序号		1	2	3
样品质量 m_s/g				
$H_2C_2O_4$ 标准溶液浓度 $c_{H_2C_2O_4}$/(mol/L)				
$H_2C_2O_4$ 标准溶液体积 $V_{H_2C_2O_4}$/mL				
消耗的 $KMnO_4$ 溶液体积 V_{KMnO_4}/mL	初读数			
	终读数			
	净用量			
$KMnO_4$ 的纯度 w_{KMnO_4}/%				

(赵松林编)

实验 29　水热合成法制备纳米二氧化锡及其表征

一、实验目的

1. 了解水热合成法制备纳米二氧化锡的原理。

2. 学会不锈钢压力釜的使用方法。

3. 了解纳米材料的常规表征方法。

二、实验原理

纳米粒子通常是指在三维空间中至少有一维处于纳米尺度范围(1～100nm,这相当于10～100个原子紧密排列在一起的尺度,是处在原子簇和宏观物体交界的过渡区域)或由它们作为基本单元构成的超微颗粒材料。物质在处于纳米尺度状态时,具有与宏观物质迥异的表面效应、小尺寸效应、宏观量子隧道效应和量子限域效应,因而纳米材料具有异于普通材料的光、电、磁、热、力学、机械等性能。

制备纳米粒子的方法很多,可分为物理方法和化学方法。化学方法主要有气相沉积法、沉淀法、微乳液法、溶胶-凝胶法及水热合成法等。水热合成法指温度范围在水的沸点和临界点(374℃)之间(通常是130～250℃),相应的蒸气压为0.3～4MPa的密闭容器内完成的湿化学方法。与其他方法相比,水热合成法制备纳米超微材料具有结晶好、团聚少、纯度高、粒度分布窄以及多数情况下形貌可控等优点。

SnO_2 是一种重要的功能半导体材料,在传感、催化和透明导电薄膜等领域有着广泛的应用。它是至今为止最主要的气敏材料,用以检测还原性易燃气体,如CO、乙醇、天然气等。本实验以水热合成法制备 SnO_2 纳米粒子为例,介绍水热合成法制备纳米氧化物粒子的基本操作。

以 $SnCl_4$ 为原料制备 SnO_2 纳米粒子,是利用 $SnCl_4$ 水解产生 $Sn(OH)_4$,继而在水热条件下脱水、缩合并晶化产生 SnO_2。反应方程式为

$$SnCl_4 + 4H_2O \longrightarrow Sn(OH)_4 \downarrow + 4HCl$$

$$Sn(OH)_4 \xrightarrow{140℃} SnO_2 + 2H_2O$$

水热合成法的反应条件,如反应物浓度、反应温度、介质的pH值、反应时间等对产物的物相、粒子的尺寸及其分布有较大的影响。

反应温度适度提高能够促进 $SnCl_4$ 的水解及 $Sn(OH)_4$ 的缩合,利于 SnO_2 的重结晶,但温度过高将导致 SnO_2 微晶的长大。本实验反应温度控制在120～160℃范围内。

反应介质酸度较高,$SnCl_4$ 的水解受抑制,生成的 $Sn(OH)_4$ 较少,残留的 Sn^{4+} 较多,易导致 SnO_2 微晶的硬团聚。本实验介质酸度控制在pH值为1～2。

当反应介质酸度控制在pH值为1～2时,若反应物浓度较高,反应体系黏度较大,因此需要控制 $SnCl_4$ 浓度大约为1.0mol/L。

水热反应时间在1.5h左右。

反应容器是聚四氟乙烯衬底的不锈钢反应釜,密封后置于恒温箱中控温。

样品物相的表征主要包括形貌、粒度和晶相三个方面。物相分析一般使用X-射线粉

末衍射仪(XRD)和电子显微镜;形貌和粒度可通过透射电子显微镜(TEM)直接观测粒子的大小和形状。下面简单介绍这两种大型分析仪器。

1. X-射线粉末衍射仪(XRD)

X-射线是一种波长很短的电磁波(当高速电子撞击靶原子时,电子能将原子核外K层上一个电子击出并产生空穴,此时具有较高能量的外层电子跃迁到K层,其释放的能量以X-射线的形式发射),波长范围在0.05~0.25nm之间(通常用铜靶,其产生的X-射线波长为0.152nm),具有很强的穿透力。

X-射线仪主要由X光管、样品台、测角仪和检测器等部件组成。

XRD物相定性分析是用X-射线衍射法研究多晶样品的成分和结构的一种实验方法,也称粉末法。当单波长X-射线照到晶体上时,若某一晶面与入射线的交角满足Bragg方程($d=2\lambda/\sin\theta$,式中:d为晶面间距;λ为入射光波长;θ为入射角)的要求,则在衍射角2θ处产生衍射线。因此,X-射线在某种晶体上的衍射必然反映出带有晶体特征的特定的衍射花样(衍射位置θ、衍射强度I),而没有两种结晶物质会给出完全相同的衍射花样,所以我们才能根据衍射花样与晶体结构一一对应的关系来鉴别物质结构。通过将未知物相的衍射花样与已知物质的衍射花样相比较,逐一鉴定出样品中的各种物相。目前,可以利用粉末衍射卡片(JCPDS卡片)进行直接比对,也可以在计算机数据库中直接进行检索。

纳米材料的晶粒尺寸大小直接影响到材料的性能。XRD可以很方便地提供纳米材料晶粒度的数据。测定的原理基于样品衍射线的宽度与材料晶粒大小有关这一现象。当晶粒小于100nm时,其衍射峰随晶粒尺寸的变小而宽化(宽化效应);晶粒大于100nm时,宽化效应则不明显。晶粒大小可采用Scherrer公式进行估算。

$$D_{\mathrm{hkl}}=\frac{K\lambda}{\beta_{\mathrm{hkl}}\times\cos\theta_{\mathrm{hkl}}}$$

式中,D_{hkl}是沿hkl晶面垂直方向的厚度,也可以认为是晶粒的大小;K为衍射峰Scherrer常数,对于球形一般取0.89;λ为X-射线的波长;β_{hkl}晶面的衍射峰的半峰宽;θ_{hkl}为衍射角,单位为°。

此外,根据晶粒大小还可以计算晶胞的堆垛层数N和纳米粉体的比表面积s。

$$N=\frac{D_{\mathrm{hkl}}}{d_{\mathrm{hkl}}}\qquad s=\frac{6}{\rho D_{\mathrm{hkl}}}$$

式中,d_{hkl}为晶面间距;ρ为纳米材料的晶体密度。

2. 透射电子显微镜(TEM)

透射电子显微镜是以波长极短的电子束作为照明源、用电磁透镜聚焦成像的一种高分辨率与高放大倍数的电子光学仪器。当高能电子束穿过被检物的复型或薄膜时,由于复型或薄膜各部分对电子的吸收能力或产生电子衍射强度不同,形成显微组织的电子图像。

TEM主要由三部分组成:电子光学部分、真空部分和电子部分。它的成像原理是阿贝提出的相干成像。当一束平行光束照射到具有周期性结构特征的物体时,便产生衍射现象。除零级衍射束外,还有各级衍射束,经过透镜的聚焦作用,在其后焦面上形成衍射振幅的极大值，每一个振幅的极大值又可看作次级相干源，由它们发出次级波，在像平面上相干成像。在透射电镜中，用电子束代替平行入射光束，用薄膜状的样品代替周期性结构物体，就可重复以上衍射成像过程。对于透射电镜，改变中间镜的电流，使中间镜的物平面从一次像平面移向物镜的后焦面，可得到衍射谱。反之，让中间镜的物平面从后焦面向下移到一次像平面，就可看到像(见图 6-2)。

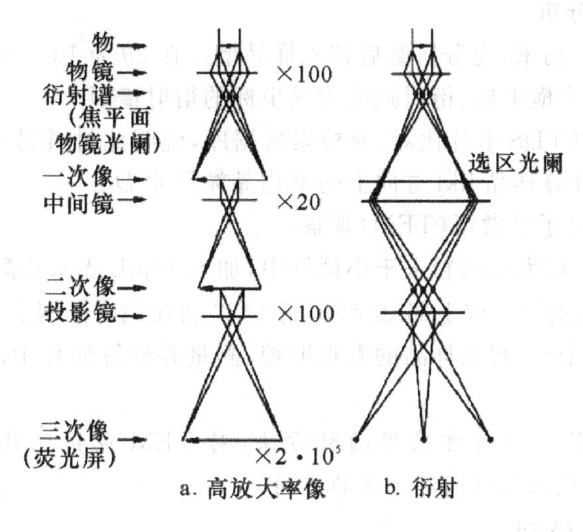

图 6-2　TEM 成像原理

三、预习要求

1. 水热法合成无机材料的特点。

2. 纳米材料粒径与形貌的表征手段。

四、仪器与试剂

仪器：台秤，100mL 烧杯，100mL 不锈钢反应釜(带聚四氟乙烯衬底)，恒温箱，磁力搅拌器，循环水真空泵，布氏漏斗，抽滤瓶，研钵，离心机，X-射线粉末衍射仪，透射电子显微镜，超声波清洗器。

试剂：$SnCl_4 \cdot 5H_2O$(s)，10mol/L KOH 溶液，10% 乙酸和 1% 乙酸铵混合溶液，95% 乙醇溶液，无水乙醇。

材料：致密细孔滤纸，pH 试纸。

五、实验内容

1. 纳米 SnO_2 的合成

称取一定量的 $SnCl_4 \cdot 5H_2O$ 固体，用去离子水配制成 1.0mol/L $SnCl_4$ 溶液。移取 25mL $SnCl_4$ 溶液于 100mL 烧杯中，在磁力搅拌下逐滴加入 10mol/L KOH 溶液，调节反应溶液的 pH 值至 1～2。

[思考题 1]　*为什么要调节反应溶液的 pH 值?*

将上述混合溶液转移至聚四氟乙烯衬底的不锈钢反应釜内，拧紧釜盖，用装有控温装置的恒温箱加热，使水热反应在 140℃下反应 1.5h。反应结束，停止加热，待反应釜冷却

至室温，开启反应釜，取出反应产物。经减压过滤后，用乙酸和乙酸铵的混合溶液洗涤多次，再用95% 乙醇溶液洗涤，于 80℃干燥，然后研细。

[思考题 2] 水热产物用含乙酸和乙酸铵的混合溶液和 95% 乙醇溶液洗涤的作用分别是什么？

[思考题 3] 产物为什么要用含乙酸和乙酸铵的混合溶液洗涤？

2. 产物的物相分析

称取 0.2g SnO_2 粉末，充分研磨后转入样品槽。在 2θ 为 10°～80°的角度范围内收集数据，得到以衍射角为横坐标、衍射强度为纵坐标的衍射谱图。

将谱图与标准 JCPDS 卡片比对，或检索数据库，说明此材料属于 SnO_2 的哪个相，并根据 Scherrer 公式计算样品 hkl 方向上的平均晶粒尺寸 D_{hkl}。

3. 产物的透射电子显微镜(TEM)观察

用钢勺转移小米粒大小的粉末于小试管中，加入 10mL 无水乙醇，在超声清洗器中分散约 30min。用胶头滴管吸取上部悬浮液，滴 1～2 滴在载膜铜网上。干燥后放入电镜样品筒(每组取样品 2 个)。观察样品的微观形貌，测量并计算照片中的纳米颗粒的平均长度和宽度。

[思考题 4] 粒度分析常采用两种方法：对 TEM 电镜照片的直接判读和利用 Scherrer公式推算。试比较这两种方法的不同。

六、数据记录与处理

1. 纳米 SnO_2 的合成

$SnCl_4 \cdot 5H_2O$ 质量/g	理论产量/g	实际产量/g	产率/%	产品外观和性状

2. 产物的物相分析

衍射角 2θ						
相对强度 I						
SnO_2 衍射强度标准值						

hkl 晶面衍射角 θ_{hkl}：________；半峰宽 β_{hkl}：________；平均晶粒尺寸 D_{hkl}：________。

3. 产物的透射电子显微镜(TEM)观察

产品 SnO_2 颗粒的形貌：__________；平均粒径：__________。

（赵松林编）

实验 30　无水四碘化锡的制备及性质

一、实验目的

1. 学习在非水溶剂中制备无水四碘化锡的原理和方法。

2. 学习非水溶剂重结晶的方法。

3. 验证四碘化锡的某些化学性质。

二、实验原理

SnI_4 主要用作分析试剂,也用于有机合成。无水 SnI_4 是橙红色的立方晶体,为共价型化合物,熔点 144.5℃,沸点 364℃,受潮即发生水解,在空气中也会缓慢水解,所以必须储存于干燥容器内。SnI_4 易溶于二硫化碳、三氯甲烷、四氯化碳和苯等有机溶剂中,在冰醋酸中溶解度较小。

SnI_4 不宜在水溶液中制备,除采用碘蒸气与金属锡的气固直接合成外,一般在非水溶剂中进行。本实验采用金属锡和碘在非水溶剂冰醋酸和醋酸酐体系中直接合成并试验 SnI_4 的某些化学性质。其制备反应原理如下:

$$Sn + 2I_2 \xrightarrow[\text{醋酸酐}]{\text{冰醋酸}} SnI_4$$

用冰醋酸和醋酸酐溶剂比二硫化碳、三氯甲烷、四氯化碳及苯等非水溶剂毒性要小,产物不会水解,可以得到较好的晶状产品。

三、预习要求

1. 无水金属卤化物的性质及四碘化锡的制备原理。

2. 非水溶剂合成条件的控制方法。

3. I_2 的特性、使用注意事项及应急处理方法。

四、仪器与试剂

仪器:台秤,圆底烧瓶,调温电加热套,球形冷凝管,循环水真空泵,蒸发皿,试管,玻棒,布氏漏斗,抽滤瓶,干燥管。

试剂:I_2(s),锡箔(或锡片)(s),冰醋酸,醋酸酐,氯仿(甘油或液状石蜡),丙酮,0.1mol/L $AgNO_3$ 溶液,1mol/L $Pb(NO_3)_2$ 溶液,饱和 KI 溶液,无水 $CaCl_2$(s)。

材料:沸石。

五、实验内容

1. SnI_4 的合成

在 150mL 干燥的圆底烧瓶中,加入 0.5g 剪碎的锡箔和 2.2g I_2,再加入 25mL 冰醋酸和 25mL 醋酸酐,加入少量沸石(以防爆沸)。装好干燥的球形冷凝管(用水冷却)和装有 $CaCl_2$ 的干燥管,用电加热套加热至沸腾,保持回流状态 1~1.5h,直至紫红色的蒸气消失,溶液颜色由紫红色变成橙红色,停止加热。冷却,抽滤。

将所得晶体转移到另一圆底烧瓶中,加入 30mL 氯仿,水浴加热回流溶解后,趁热减压过滤,将滤液倒入蒸发皿中,置于通风橱内并不断搅拌,待氯仿全部挥发,得到橙红色晶体,称量,计算产率。

[思考题 1] 在制备无水 SnI_4 时所用的仪器都必须干燥,为什么?

[思考题 2] 实验中使用冰醋酸和醋酸酐有什么作用?使用过程中要注意哪些问题?

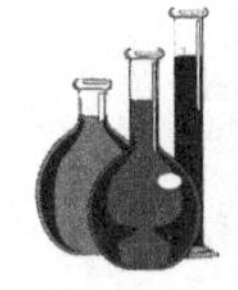

2. SnI_4 的某些性质试验

(1) SnI_4 的水解　取少量 SnI_4 固体于试管中，再向试管中加入少量蒸馏水，观察现象。其溶液和沉淀留作下面实验使用。

(2) SnI_4 中 I^- 的检验　取 SnI_4 水解后的溶液，分盛于两支试管中，一支滴加 $AgNO_3$ 溶液，另一支滴加 $Pb(NO_3)_2$ 溶液，观察现象。

(3) SnI_4 配合物形成试验　取少量 SnI_4 固体溶于 2mL 丙酮中，加 2mL 饱和 KI 溶液，观察实验现象。

六、数据记录与处理

1. SnI_4 的合成

Sn 质量/g	I_2 质量/g	理论产量/g	实际产量/g	产率/%	产品外观和性状

2. SnI_4 的某些性质试验

实验内容	实验现象	结论及反应式
(1) SnI_4 的水解		
(2) SnI_4 中 I^- 的检验		
(3) SnI_4 配合物形成试验		

（赵松林编）

实验 31　醋酸亚铬水合物的合成及其磁化率的测定

一、实验目的

1. 学习在无氧条件下制备易被氧化的不稳定化合物的合成原理和方法。
2. 学习磁化率的测定方法，了解醋酸亚铬的磁化学性质及成键特征。
3. 巩固溶液的洗涤、过滤等基本操作，掌握无氧操作。

二、实验原理

通常 Cr^{2+} 的化合物非常不稳定，它们能迅速被空气中的氧氧化为 Cr^{3+} 的化合物。

$[Cr(Ac)_2]_2 \cdot 2H_2O$ 是淡红棕色晶形物质，不溶于水，但易溶于 HCl。醋酸亚铬溶液与其他所有亚铬酸盐相似，能吸收空气中的氧气，其合成必须在隔绝空气的无氧条件下进行。

对空气敏感性物质的合成及其操作方法是现代化学的重要实验技术。通常用惰性气体，如 N_2、Ar 等作保护性气氛，有时也在还原性气氛中合成。本实验在封闭体系中利用金属锌作还原剂，将 Cr^{3+} 还原为 Cr^{2+}，再与 NaAc 溶液作用制得 $[Cr(Ac)_2]_2 \cdot 2H_2O$。

反应体系中产生的H_2除了起到隔绝空气使体系保持还原性气氛的作用外，还能增加体系压强，迫使Cr^{2+}溶液进入NaAc溶液中，形成配合物。其反应式如下：

$$2Cr^{3+} + Zn \longrightarrow 2Cr^{2+} + Zn^{2+}$$

$$2Cr^{2+} + 4Ac^- + 2H_2O \longrightarrow [Cr(Ac)_2]_2 \cdot 2H_2O \downarrow$$

产品在惰性气体中密封保存。严格密封保存的$[Cr(Ac)_2]_2 \cdot 2H_2O$样品可始终保持砖红色。然而，若空气进入样品，它就逐渐变成灰绿色，这是被氧化物质的特征颜色。

纯的$[Cr(Ac)_2]_2 \cdot 2H_2O$通常以二聚分子$Cr_2(O_2CCH_3)_4(H_2O)_2$存在（结构如图6-3所示）。在二聚分子中，铬原子之间有着e-e相互作用，形成了弱的Cr—Cr四重键，所以它在磁场中的表现为反磁性。若被氧化，则出现一定的顺磁性，因此，我们可以通过对样品的磁性测定来定性推测其纯度。

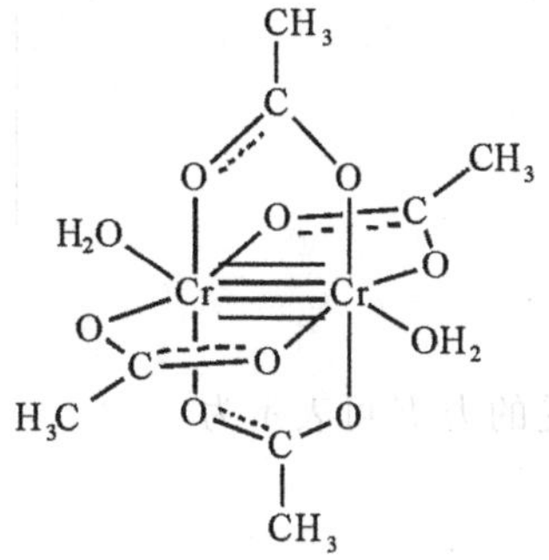

图6-3 $Cr_2(O_2CCH_3)_4(H_2O)_2$的结构

物质的磁性，以磁化率(χ)来衡量大小，一般可分为三种：顺磁性、反磁性和铁磁性。反磁性是指磁化方向和外磁场方向相反时所产生的磁效应。反磁物质的$\chi_r < 0$。顺磁性是指磁化方向和外磁场方向相同时所产生的磁效应，顺磁物质的$\chi_p > 0$（外磁场作用下，原子，分子或离子中固有磁矩产生的磁效应）。铁磁性是指在低外磁场中就能达到饱和磁化，去掉外磁场时，磁性并不消失，呈现出滞后现象等一些特殊的磁效应。

摩尔磁化率χ_M为

$$\chi_M = \chi_p + \chi_r \approx \chi_p \tag{6-1}$$

根据居里定律得

$$\chi_p = \frac{N_A \mu_0 \mu_s^2}{3kT} \tag{6-2}$$

式中，χ_p为物质的摩尔顺磁化率；χ_r为物质的摩尔反磁化率；N_A为阿伏伽德罗常数；μ_0为真空磁导率，其值为$4\pi \times 10^{-7}$ N/A^2；μ_s为永久磁矩；k为玻尔兹曼常数；T为热力学温度。

居里定律将物质的宏观物理量(χ_p)与粒子的微观性质（分子磁矩μ_s）联系起来。分子磁矩μ_s取决于电子的轨道运动状态和未成对电子数n。μ_s与n符合公式：

$$\mu_s = \sqrt{n(n+2)}\,\mu_B \tag{6-3}$$

式中，μ_B为玻尔磁子，$\mu_B = \frac{eh}{4\pi m_e} = 9.274 \times 10^{-24}$ J/K；n为未成对电子数。通过分子磁矩推算未成对电子数n，可以得到关于络合物的分子结构的某些信息。

测定物质的磁化率较简便的方法是通过Gouy磁天平以顺磁性$(NH_4)_2SO_4 \cdot FeSO_4 \cdot 6H_2O$（莫尔盐）的磁化率为标准进行测定。

实验装置如图6-4所示。把样品装于样品管中，悬于两磁极中间，一端位于磁极间磁场强度最大(H)的区域，而另一端位于磁场强度很弱(H_0)的区域，则样品在沿样品管方

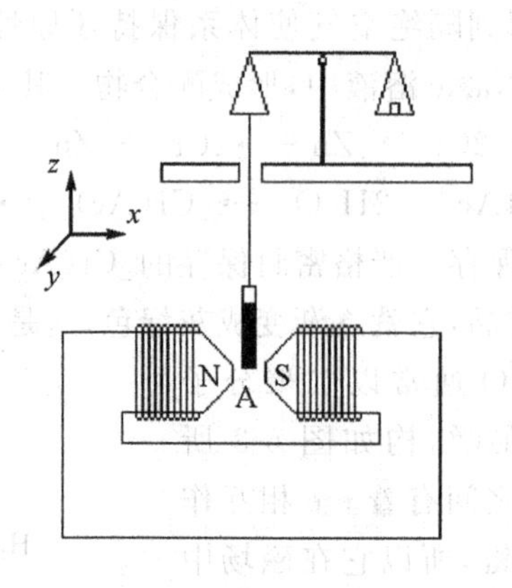

图 6-4　Gouy 磁天平

向所受的力 F 可表示为

$$F=\chi mH\frac{\partial H}{\partial Z} \tag{6-4}$$

式中，χ 为质量磁化率；m 为样品质量；H 为磁场强度；$\frac{\partial H}{\partial Z}$ 为沿样品方向的磁场梯度。

设样品管的高度为 h 时，把上式移项积分，得整个样品所受的力(F)为

$$F=\chi m\frac{H^2-H_0^2}{2h} \tag{6-5}$$

如果 H_0 忽略不计，则简化为

$$F=\frac{\chi mH^2}{2h} \tag{6-6}$$

用磁天平测出物质在加磁场前后的重量变化 Δm，显然有

$$F=\Delta mg=\frac{\chi mH^2}{2h} \tag{6-7}$$

式中，g 为重力加速度。

整理后得

$$\chi=\frac{2\Delta mgh}{mH^2} \tag{6-8}$$

由于

$$\chi_M=M\chi$$

式中，M 为物质的摩尔质量。因此，式(6-8)可以改为

$$\chi_M=\frac{2\Delta mgh}{mH^2}\times M \tag{6-9}$$

又因为 $H=\frac{B}{\mu_0}$

所以式(6-9)可以改为

$$\chi_M=\frac{2\Delta m\mu_0 gh}{mB^2}\times M \tag{6-10}$$

原则上只要测得 Δm、h、m、B 等物理量，即可由式(6-10)求出顺磁性物质的摩尔磁化

率。等式右边各项都可以由实验直接测定，由此可以求出物质的摩尔磁化率。

磁感应强度 B 可用特斯拉计直接测量，不均匀磁场中必须用已知质量磁化率的标准物质进行标定。

$$|\chi|=\frac{95\mu_0}{T+1} \tag{6-11}$$

本实验用莫尔盐作为标准物质标定外磁感应强度 B。通过测定$[Cr(Ac)_2]_2 \cdot 2H_2O$的摩尔磁化率，判断产物纯度。

三、预习要求

1. 铬及其化合物性质，醋酸铬水合物制备原理。
2. 水浴加热、蒸发、浓缩、结晶、减压过滤等基本操作（二维码 3-11）。
3. 无氧合成（二维码 6-1）。
4. 分子的磁性相关概念及测定方法，Gouy 磁天平及励磁电源的构造及使用方法。

四、仪器与试剂

仪器：台秤，量筒，研钵，三口烧瓶，滴液漏斗，锥形瓶，烧杯，磁力搅拌器（附带磁子），循环水真空泵，抽滤瓶，布氏漏斗，直尺，Gouy 磁天平（由电磁铁、直流励磁电源、特斯拉计、电子天平和玻璃样品管等组成）。

试剂：$CrCl_3 \cdot 6H_2O(s)$，锌粒(s)，无水 NaAc(s)，浓 HCl，乙醇，乙醚，去氧蒸馏水（即煮沸过的蒸馏水）。

材料：止气夹，弯接管，橡胶塞，滤纸。

五、实验内容

1. $[Cr(Ac)_2]_2 \cdot 2H_2O$的制备

按图 6-5 所示连接好装置，确保装置气密性良好。依次向三口烧瓶中加入 5.0g $CrCl_3 \cdot 6H_2O$ 晶体，6mL 去氧蒸馏水和 8.0g Zn 粒，摇匀，得到深绿色混合物，然后向烧瓶中放入一粒磁子；向锥形瓶加入 5g 无水 NaAc 固体和 12mL 冷却的去氧蒸馏水，摇匀，形成 NaAc 溶液；加入 10mL 浓 HCl 于滴液漏斗中。开启止气夹 1 和 3，关闭止气夹 2，开启磁力搅拌器，通过滴液漏斗缓慢滴加浓 HCl，使其与烧瓶中的 Zn 粒反应产生 H_2，并进一步还原 $CrCl_3$（这时溶液逐渐变为纯蓝色，控制滴加速度使反应以一定的速度进行，但不要太剧烈，反应时间大约 1h）。在 H_2 仍然较快放出时，开启止气夹 2，关闭止气夹 3，以利用 H_2 的压力和虹吸作用迫使 $CrCl_2$ 溶液通过导管注入 NaAc 溶液（锥形瓶中）液面以下，当三口烧瓶中溶液基本转移完毕，继续保持止气夹 1 和 2 处于开启状态 1～2min，让剩余的 H_2 尽可能将锥形瓶中的空气排尽。然后关闭止气夹 1 和 2，撤出锥形瓶（两边导管保持封闭），摇动，形成红色醋酸亚铬沉淀。用铺有双层滤纸的布氏漏斗减压过滤沉淀，并用 15mL 去氧蒸馏水分数次洗涤，再用少量乙醇、乙醚各洗涤三次。将产物薄薄一层铺在表面皿上，在室温下使其干燥。称量，计算产率。

[思考题 1]　为什么要用封闭的装置来制备醋酸铬？

[思考题 2]　为什么反应中使用 Zn 粒过量，而浓 HCl 适量？

[思考题 3]　过滤出产品时，依次用去氧蒸馏水、乙醚、乙醇等洗涤多次，其目的分别

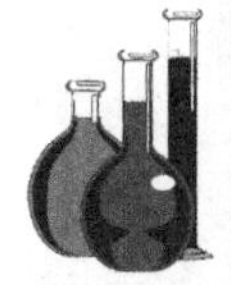

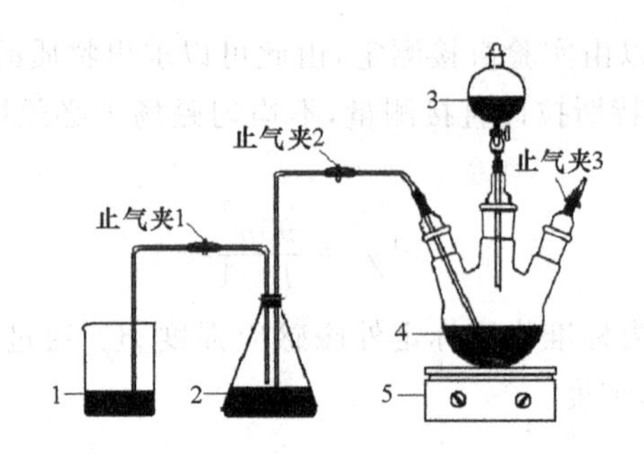

1—烧杯(100mL 自来水);2—锥形瓶(NaAc 溶液);3—恒压滴液漏斗(10mL 浓 HCl);
4—三口烧瓶($CrCl_3$、Zn 粒和去氧蒸馏水混合物);5—磁力搅拌器

图 6-5 醋酸亚铬制备装置

是什么?

2. $[Cr(Ac)_2]_2 \cdot 2H_2O$ 磁化率的测定

(1)仪器的准备 接通电源,检查磁天平是否正常。通电和断电时应先将电源旋钮调到最小。励磁电流的升降平稳、缓慢,以防励磁线圈产生的反电动势将晶体管等元件击穿。

(2)标定磁感应强度(B) 将特斯拉计的磁感应探头平面垂直置于磁铁中心位置,调节励磁电流分别为 3A、6A,使特斯拉计的读数最大并记录这个数值 B_{max},然后通过调节棉线长度使样品管底部与标定的最大磁感应强度处重合。

调节天平后部的水泡使之处于水准器中心,称盘空载,使用标准砝码调零。

(3)把样品管悬于磁感应强度最大的位置,测定空管在励磁电流分别为 0、3A、6A 时的质量并记录。

(4)把已经研细的莫尔盐通过小漏斗装入样品管,装填高度为 12~14cm(此时样品另一端位于磁感应强度 $B=0$ 处)。用直尺准确测量样品的高度 h 并记录,注意样品要研磨细小,装样均匀不能有断层。测定莫尔盐在励磁电流分别为 0、3A、6A 时的质量并记录。测定完毕后,将样品管中药品倒入回收瓶,擦净待用。

(5)样品的摩尔磁化率测定 把测定过莫尔盐的试管擦洗干净,把待测样品($[Cr(Ac)_2]_2 \cdot 2H_2O$)装在样品管中,按上述步骤分别测定在励磁电流为 0、3A、6A 时的质量并记录。

判断分子磁矩,确定产物是否纯净。

[思考题 4] 实验中样品装填高度为什么要求在 12~14cm?

[思考题 5] 在不同的励磁电流下测定的样品摩尔磁化率是否相同?为什么?

[思考题 6] 从摩尔磁化率如何计算分子内未成对电子数?如何判断产物纯度?

六、数据记录与处理

1. $[Cr(Ac)_2]_2 \cdot 2H_2O$ 的制备

$CrCl_3 \cdot 6H_2O$ 质量/g	理论产量/g	实际产量/g	产率/%	产品外观和性状

2. $[Cr(Ac)_2]_2 \cdot 2H_2O$ 磁化率的测定

温度：______________；励磁电流：______________

被测物质	样品高度/cm	质量/g		
		0A	3A	6A
空样品管				
空样品管+莫尔盐				
空样品管+$[Cr(Ac)_2]_2 \cdot 2H_2O$				

根据以上数据由式(6-8)和(6-11)计算实验时所加励磁电流下的磁感应强度；由式(6-10)求样品的摩尔磁化率；由式(6-2)和(6-3)求样品的分子磁矩与判断产物纯度。

（赵松林编）

实验32　离子交换法制取碳酸氢钠及产品定性检验

一、实验目的

1. 了解离子交换法制取碳酸氢钠的原理。
2. 了解碳酸氢钠定性分析的原理和方法。
3. 练习离子交换的柱上操作。
4. 巩固溶解、蒸发、结晶、干燥等基本操作。

二、实验原理

钠型阳离子交换树脂上的 Na^+ 能与 NH_4^+ 发生交换，当 NH_4HCO_3 溶液以一定流速通过钠型阳离子交换树脂时，发生如下交换反应：

$$R—SO_3Na + NH_4HCO_3 \longrightarrow R—SO_3NH_4 + NaHCO_3$$

所得的 $NaHCO_3$ 溶液经蒸发浓缩、结晶、干燥即得 $NaHCO_3$ 固体。

产品中主要杂质是 NH_4^+，可通过奈斯勒试剂来考察 NH_4^+ 存在与否。

$$NH_4^+ + 2[HgI_4]^{2-} + 4OH^- \longrightarrow \left[\begin{array}{c} \quad Hg \quad \\ O \qquad NH_2 \\ \quad Hg \quad \end{array}\right] I\downarrow(\text{红褐色}) + 7I^- + 3H_2O$$

HCO_3^- 的定性分析可通过在 $NaHCO_3$ 溶液中加 HCl 产生 CO_2，与澄清的饱和 $Ba(OH)_2$ 产生沉淀；同时，结合测定溶液的 pH 值与理论计算值比较来确定。

Na^+ 的定性分析可通过焰色反应确定。

如果要进一步确定所得 $NaHCO_3$ 含量及产率，可通过酸碱滴定法来实现。

三、预习要求

1. 离子交换树脂的基本知识及离子交换法制取碳酸氢钠的基本原理。
2. 离子交换基本操作。

3. Na^+、NH_4^+ 和 HCO_3^- 的定性检验方法。

4. 溶解、蒸发、结晶、干燥基本操作(二维码 3-11)。

四、仪器与试剂

仪器:碱式滴定管,试管,离心管,烧杯,玻棒,点滴板,量筒,移液管,电炉,石棉网,蒸发皿,布氏漏斗,抽滤瓶,循环水真空泵,10mL 吸量管。

试剂:1mol/L HCl 溶液,2mol/L HCl 溶液,饱和 $Ba(OH)_2$ 溶液,2mol/L NaOH 溶液,3mol/L NaCl 溶液,1mol/L NH_4HCO_3 溶液,0.1mol/L $AgNO_3$ 溶液,奈斯勒试剂,0.1000mol/L HCl 标准溶液,甲基橙指示剂。

材料:732 型阳离子交换树脂,pH 试纸,吸水纸。

五、实验内容

1. 离子交换法制备 $NaHCO_3$

(1)树脂的预处理、装柱与转型　将 732 型阳离子交换树脂用 2mol/L HCl 溶液浸泡 1d,倾去酸液,再用 2mol/L HCl 溶液浸泡并搅拌 3min,倾去酸液后用去离子水洗涤树脂,洗至接近中性(用 pH 试纸检验)(可由实验教师提前准备好)。

取一支碱式滴定管,取下下端乳胶管和玻璃珠,在其底部放入少量洁净的玻璃纤维,然后在柱中装入去离子水至柱的一半刻度处,再将上述处理过的树脂和水通过漏斗一起倒入柱中,注满去离子水(切勿使空气进入树脂层,否则影响交换效率,为此,树脂层必须始终保持在液面以下)。调节流速至每分钟 10~15 滴,当液面下降至高出树脂层 0.5cm 时,加入 3mol/L NaCl 溶液到交换柱中。最后加入去离子水,洗涤树脂,使其流速为每分钟 20~30 滴,洗涤至流出液中不含 Cl^- 为止。

[思考题 1]　什么叫作转型?其目的是什么?

[思考题 2]　如何防止空气进入树脂交换柱内?若发现所装的交换柱内有气泡,如何处理?

[思考题 3]　实验室通常用 $AgNO_3$ 溶液检查 Cl^- 是否存在,如何操作?

(2)$NaHCO_3$ 溶液的制取　调节交换柱流出液的流速,保持在每分钟 10~15 滴,当液面下降至高出树脂层 0.5cm 时,用吸量管分批吸取 30mL 1mol/L NH_4HCO_3 溶液加入交换柱中。用蒸发皿承接流出液(最初流出液可弃去),当流出的 $NaHCO_3$ 溶液约 30mL 时即停止交换。预留 5mL 流出液做产品检验实验,其余的进行蒸发结晶。

(3)$NaHCO_3$ 晶体的制取　将蒸发皿放在石棉网上,用电炉加热蒸发,直到有少量晶膜析出时停止加热,待冷却(不要搅拌)后减压过滤得到 $NaHCO_3$ 晶体,用吸水纸将 $NaHCO_3$ 表面的水吸干。

[思考题 4]　影响产品产率的主要因素有哪些?影响产品纯度(碳酸钠及其他杂质)的主要因素有哪些?

2. 产品的定性检验

取约 1/5 的上述产品,加 5mL 蒸馏水溶解,得到 $NaHCO_3$ 样品溶液。将 $NaHCO_3$ 样品溶液与实验过程中预留的 5mL 流出液、1.0mol/L NH_4HCO_3 溶液分别进行以下各项检验,并进行比较。

(1)NH_4^+ 的检验　取待测溶液 2mL 于试管中，加入奈斯勒试剂 2 滴，观察溶液中的变化。若有红棕色沉淀生成，说明待测溶液中有 NH_4^+ 存在。

(2)HCO_3^- 的检验　取待测溶液 5 滴于离心管中，加入 5 滴 2.0mol/L HCl 溶液，迅速将另一管底部悬有 1 滴澄清的饱和 $Ba(OH)_2$ 溶液的离心管插入其中，观察 $Ba(OH)_2$ 溶液的变化，推测 HCO_3^- 的存在。

(3)Na^+ 的检验　先用铂丝蘸取 1mol/L HCl 溶液后在酒精灯上灼烧，反复多次，直至灯焰变为无色。然后用铂丝蘸一些待测液，放到酒精灯火焰上灼烧，观察火焰颜色变化，推测 Na^+ 的存在。

(4)pH 值测定　用干燥的洁净玻棒蘸取待测溶液，滴在 pH 试纸上，对照标准比色卡确定溶液的 pH 值，并与理论值进行比较。

3. 产品的定量分析(选做)

实验室备有标准 HCl 溶液和指示剂，设计方案，用酸碱滴定法测定 $NaHCO_3$ 含量，并计算 $NaHCO_3$ 的收率。

六、数据记录与处理

1. $NaHCO_3$ 的制备

产品质量/g	产品外观和性状

2. 产品的定性检验

样品	检验项目					结论
	NH_4^+	Na^+	HCO_3^-	实测 pH	理论 pH	
NH_4HCO_3 溶液					约 7.8	
$NaHCO_3$ 溶液					约 8.4	
$NaHCO_3$ 流出液(预留)						

3. 产品的定量分析(选做)

(赵松林编)

实验 33　硫酸四氨合铜的制备及化学式的确定

一、实验目的

1. 通过$[Cu(NH_3)_4]SO_4$ 的制备学习无机配合物的制备和更换溶剂结晶的方法。

6-4　硫酸四氨合铜微课

2. 掌握配合物化学式的确定方法。

3. 巩固滴定管的使用及滴定基本操作。

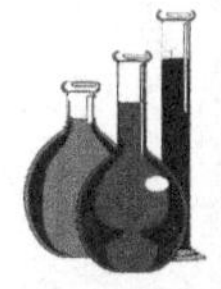

4. 了解重量分析法的原理及其操作。

5. 了解分光光度计的使用及光度法的基本原理。

二、实验原理

硫酸四氨合铜 $[Cu(NH_3)_4]SO_4$ 在农业上常用作杀虫剂，在工业上用途广泛，常用作媒染剂、碱性镀铜中的电镀液。$[Cu(NH_3)_4]SO_4$ 属中度稳定的绛蓝色晶体，常温下在空气中易与水和二氧化碳反应，生成铜的碱式盐，使晶体变成绿色的粉末。

$[Cu(NH_3)_4]SO_4$ 制备的反应式是

$$CuSO_4 + 4NH_3 + H_2O \longrightarrow [Cu(NH_3)_4]SO_4 \cdot H_2O$$

由于$[Cu(NH_3)_4]SO_4 \cdot H_2O$ 在加热时易失氨和结晶水，所以其晶体的制备不宜采用蒸发、浓缩等常规的方法。

通常析出$[Cu(NH_3)_4]SO_4 \cdot H_2O$ 晶体采用以下两种方法：一是向 $CuSO_4$ 溶液中通入过量氨气，并加入一定量 Na_2SO_4 晶体，使$[Cu(NH_3)_4]SO_4 \cdot H_2O$ 晶体析出。此方法由于使用氨气，操作较为困难，且对环境污染严重。二是根据$[Cu(NH_3)_4]SO_4 \cdot H_2O$ 在乙醇中的溶解度远小于在水中的溶解度的性质，利用溶剂更换法，即向溶液中加入乙醇溶液，使$[Cu(NH_3)_4]SO_4$ 溶解度降低，从而析出晶体。本实验采用第二种方法获得晶体。

配合物中 NH_3 含量测定采用酸碱滴定法，先用 NaOH 分解$[Cu(NH_3)_4]SO_4$ 产生 NH_3，用过量 HCl 标准溶液吸收，再用 NaOH 标准溶液滴定剩余的 HCl 标准溶液，其反应式如下：

$$[Cu(NH_3)_4]SO_4 + 2NaOH \longrightarrow CuO\downarrow + 4NH_3\uparrow + Na_2SO_4 + H_2O$$

$$NH_3 + HCl(\text{过量}) \longrightarrow NH_4Cl$$

$$HCl(\text{剩余}) + NaOH \longrightarrow NaCl + H_2O$$

按下式计算 NH_3 含量：

$$w_{NH_3} = \frac{(c_{HCl}V_{HCl} - c_{NaOH}V_{NaOH}) \times 17.04}{m_{s_1} \times 1000} \times 100\%$$

式中，c_{HCl}和 V_{HCl}分别为 HCl 标准溶液的浓度和体积，单位分别为 mol/L 和 mL；c_{NaOH} 和 V_{NaOH}分别为 NaOH 标准溶液的摩尔浓度和体积，单位分别为 mol/L 和 mL；m_{s_1} 为样品质量，单位为 g；17.04 为 NH_3 的摩尔质量，单位为 g/mol。

配合物中 SO_4^{2-} 的含量测定采用重量分析法，在$[Cu(NH_3)_4]SO_4$ 中加入 $BaCl_2$，使其生成 $BaSO_4$ 沉淀。

$$SO_4^{2-} + Ba^{2+} \longrightarrow BaSO_4\downarrow$$

根据生成 $BaSO_4$ 的质量按下式计算出样品中 SO_4^{2-} 的含量：

$$w_{SO_4^{2-}} = \frac{m_{BaSO_4}}{m_{s_2}} \times \frac{96.06}{233.39} \times 100\%$$

式中，m_{BaSO_4} 和 m_{s_2} 分别是 $BaSO_4$ 和样品质量，单位为 g；96.06 和 233.39 分别为 SO_4^{2-} 和 $BaSO_4$ 的摩尔质量，单位为 g/mol。

配合物中 Cu^{2+} 含量测定采用光度分析法，$[Cu(NH_3)_4]^{2+}$ 在 610nm 处有特征吸收波长，根据朗伯-比尔定律，在 b 一定的情况下，有色物质的浓度在一定范围内和其吸光度呈正比。

进行光度法测定时，先用 $CuSO_4$ 标准溶液配制成一系列不同浓度的 $CuSO_4$ 溶液，分别加入氨水，在波长 λ 为 610nm 的条件下测定溶液吸光度，以吸光度 A 对 Cu^{2+} 浓度作图绘制出标准曲线。再准确称取一定量 $[Cu(NH_3)_4]SO_4 \cdot H_2O$ 样品，加酸破坏后，加入过量的 NH_3，形成稳定的深蓝色配离子 $[Cu(NH_3)_4]^{2+}$，在相同的条件下测定其吸光度。根据测定所得吸光度，从标准曲线上找出相应的 Cu^{2+} 浓度，然后将其换算成配制浓度，并按下式计算配合物中 Cu^{2+} 含量：

$$w_{Cu^{2+}} = \frac{c_{Cu^{2+}} V_{Cu^{2+}} \times 63.54}{1000 \times m_{s_3}} \times 100\%$$

式中，$c_{Cu^{2+}}$ 为 Cu^{2+} 的配制浓度，单位为 mol/L；$V_{Cu^{2+}}$ 为 Cu^{2+} 的配制体积，单位为 mL；m_{s_3} 为样品质量，单位为 g；63.54 为 Cu^{2+} 的摩尔质量，单位为 g/mol。

利用差减法计算出结晶水含量：

$$w_{H_2O} = 1 - w_{Cu^{2+}} - w_{NH_3} - w_{SO_4^{2-}}$$

各组分含量确定后，即可确定配合物中各微粒个数比：

$$n_{Cu^{2+}} : n_{NH_3} : n_{SO_4^{2-}} : n_{H_2O} = \frac{w_{Cu^{2+}}}{63.54} : \frac{w_{NH_3}}{17.04} : \frac{w_{SO_4^{2-}}}{96.06} : \frac{w_{H_2O}}{18.03}$$

由配合物中各微粒个数比来确定配合物的化学式。

如果要进一步确定配合物结构，可通过 X-射线粉末衍射法等确定，配合物中心离子铜的 d 电子组态及配合物的磁性可由磁化率测定确定。

三、预习要求

1. 硫酸四氨合铜的制备原理。
2. 蒸馏法测定 NH_4^+、重量法测定 SO_4^{2-}、光度法测定 Cu^{2+} 的原理及注意事项。
3. 滴定管的使用及滴定基本操作(二维码 3-3)。
4. 分光光度计的使用及光度法基本原理。

四、仪器与试剂

仪器：台秤，量筒，烧杯，试管，吸量管，250mL 容量瓶，调温电炉，石棉网，马弗炉，水浴锅，电子天平，磁力搅拌器(附带磁子)，722 型分光光度计，循环水真空泵，布氏漏斗，抽滤瓶，锥形瓶，25mL 标准比色管，滴液漏斗，蒸发皿，表面皿，坩埚。

试剂：浓氨水，$CuSO_4 \cdot 5H_2O$ (s)，95% 乙醇溶液，1∶2 乙醇与浓氨水混合液，1∶1 乙醇与乙醚混合液，6mol/L H_2SO_4 溶液，0.1mol/L $BaCl_2$ 溶液，0.1mol/L $AgNO_3$ 溶液，2mol/L 氨水，10% NaOH 溶液，0.5000mol/L HCl 标准溶液，0.5000mol/L NaOH 标准溶液，0.1% 甲基红溶液。

材料：冰，定量滤纸，连接管，橡胶塞溶液。

五、实验内容

1. $[Cu(NH_3)_4]SO_4 \cdot H_2O$ 的制备

取 10g $CuSO_4 \cdot 5H_2O$ 溶于 14mL 蒸馏水中，加入 20mL 浓氨水，沿烧杯壁慢慢滴加 35mL 95%乙醇，然后盖上表面皿。静置，析出晶体后，减压过滤，晶体用 1∶2 的乙醇与

浓氨水的混合液洗涤，再用1∶1乙醇与乙醚的混合液淋洗，然后将其在60℃左右烘干，称重，计算产率。

[思考题1] 为什么用乙醇与乙醚的混合液淋洗，而不用蒸馏水？

2.$[Cu(NH_3)_4]SO_4 \cdot H_2O$化学式的确定

(1)NH_3的测定　准确称取0.2500～0.3000g样品，放入250mL锥形瓶中，加80mL蒸馏水溶解。在另一锥形瓶中，准确加入30～35mL 0.5000mol/L HCl标准溶液，放入冰水浴中冷却。

按图6-6所示装配好装置。从漏斗中加入适量10% NaOH溶液于试管中，加满试管后，再加10mL 10% NaOH溶液，确保漏斗下端插入液面下2～3cm。加热样品，先用大火加热，当溶液接近沸腾时改用小火，保持微沸状态(防止暴沸)，蒸馏1h左右，即可将NH_3全部蒸出。蒸馏完毕后，取出插入HCl溶液中的导管，用蒸馏水冲洗导管内外，洗涤液收集在氨吸收瓶中。从冰水浴中取出吸收瓶，加2滴0.1%甲基红溶液，用0.5000mol/L NaOH标准溶液滴定剩余的HCl。

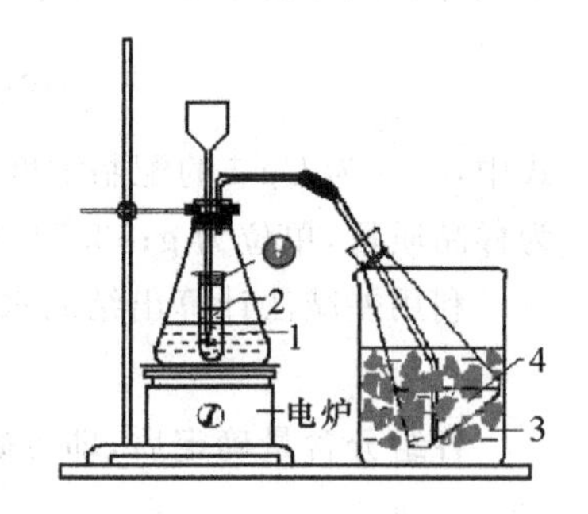

1—样品与NaOH混合溶液；
2—10% NaOH溶液；
3—冰水浴；4—HCl标准溶液

图6-6　测定氨的装置

[思考题2] 漏斗和试管的主要作用是什么？漏斗下端插入液面下的深度应考量什么因素？

[思考题3] 如何用蒸馏水冲洗导管内外？洗涤液为什么要收集在氨吸收瓶中？

[思考题4] 甲基红溶液作指示剂滴定终点颜色如何变化？除了甲基红指示剂外，还可选用哪些指示剂？

(2)SO_4^{2-}的测定　称取试样约0.6500g(含硫量约90mg)，置于400mL烧杯中，加25mL蒸馏水使其溶解，稀释至200mL。

在上述溶液中加2mL 6mol/L HCl，盖上表面皿，置于电炉上，加热至近沸。取0.1mol/L $BaCl_2$溶液30～35mL于小烧杯中，加热至近沸，然后用滴管将热$BaCl_2$溶液逐滴加入样品溶液中，同时不断搅拌溶液。当$BaCl_2$溶液即将加完时，静置，于$BaSO_4$上层清液中加入1～2滴$BaCl_2$溶液，观察是否有白色浑浊出现，用以检验沉淀是否已完全。盖上表面皿，置于电炉(或水浴)上，在搅拌下继续加热，陈化约半小时，然后冷却至室温。

[思考题5] 在溶液中加2mL 6mol/L HCl并加热至近沸的目的是什么？$BaCl_2$溶液为什么也要加热至近沸？

将上层清液用倾注法倒入漏斗中的滤纸上，用洁净烧杯收集滤液(检查有无沉淀穿滤现象，若有，应重新换滤纸)。用少量热蒸馏水洗涤沉淀三四次(每次加入热水10～15mL)，然后将沉淀小心地转移至滤纸上。用洗瓶吹洗烧杯内壁，洗涤液并入漏斗中，并用撕下的滤纸角擦拭玻棒和烧杯内壁，将滤纸角放入漏斗中，再用少量蒸馏水洗涤滤纸上的沉淀(约10次)，至滤液不显示有Cl^-为止。

[思考题6] 为什么要将沉淀中Cl^-洗净？如何检查？

将坩埚置于马弗炉中，在400℃烘30min，在900℃烘1h。取下滤纸，将沉淀包好，置于已恒重的坩埚中，先用小火（400℃左右）烘干炭化约 30min。然后将坩埚在 900℃灼烧约 2h。取出坩埚，待红热退去后置于干燥器中，冷却 30min 后称量。再重复灼烧 20min，冷却，取出，称量，直至恒重。

根据 $BaSO_4$ 重量计算试样中 SO_4^{2-} 的含量。

［思考题 7］ 灼烧 $BaSO_4$ 的目的是什么？为什么要重复灼烧直至恒重？在转移、洗涤、灼烧 $BaSO_4$ 时，应注意些什么？

（3）Cu^{2+} 的测定　分别取 0、2.00mL、3.00mL、4.00mL、5.00mL、6.00mL 0.02500mol/L $CuSO_4$ 标准溶液于六支比色管中，加 10.00mL 2mol/L 氨水，然后加蒸馏水稀释至刻度，配制成 25mL 浓度分别为 0、0.00200mol/L、0.00300mol/L、0.00400mol/L、0.00500mol/L、0.00600mol/L 的溶液。

取上面配制的六种浓度的溶液在波长 λ 为 610nm 的条件下，用 722 型分光光度计测定溶液吸光度，以吸光度 A 对 Cu^{2+} 的浓度 $c_{Cu^{2+}}$ 作图，绘制出标准曲线。

准确称取 0.3400～0.3700g 样品，用 5mL 水溶解后，滴加 6mol/L H_2SO_4 至溶液从深蓝色变至蓝色（表示配合物已解离），定量转移到 250mL 容量瓶中，稀释至刻度，摇匀。取出 10.00mL 溶液，置于 25mL 比色管中，并加入 10.00mL 2mol/L 氨水，然后加蒸馏水稀释至刻度，混合均匀后，用 1cm 比色皿在波长 λ 为 610nm 的条件下测定吸光度。根据测定所得吸光度，从标准曲线上找出相应的 Cu^{2+} 浓度，并进一步计算配合物中 Cu^{2+} 含量。

六、数据记录与处理

1. $[Cu(NH_3)_4]SO_4 \cdot H_2O$ 的制备

$CuSO_4 \cdot 5H_2O$ 质量/g	理论产量/g	实际产量/g	产率/%

2. $[Cu(NH_3)_4]SO_4 \cdot H_2O$ 化学的组成测定

(1) NH_3 的测定

$c_{HCl}V_{HCl}$/mol		
样品质量/g		
c_{NaOH}/(mol/L)		
V_{NaOH}/mL	初读数	
	终读数	
	净用量	
NH_3 实际含量/%		
NH_3 理论含量/%		

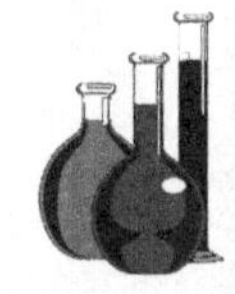

(2)SO_4^{2-} 的测定

试样质量/g	坩埚质量/g	(坩埚+沉淀)质量/g	SO_4^{2-} 实际含量/%	SO_4^{2-} 理论含量/%

(3)Cu^{2+}的测定

$c_{CuSO_4标准溶液}$/(mol/L)	0	0.00200	0.00300	0.00400	0.00500	0.00600
吸光度						
样品质量/g						
样品吸光度						
样品中 Cu^{2+} 浓度 $c_{Cu^{2+}}$/(mol/L)						
Cu^{2+} 实际含量/%						
Cu^{2+} 理论含量/%						

(4)H_2O 实际含量:______%;H_2O 理论含量:______%。

(5)试样的化学式:______________________。

(赵松林编)

实验 34 三氯化六氨合钴的制备及其组成分析

一、实验目的

1. 掌握制备金属配合物最常用的方法——水溶液中的取代反应和氧化还原反应。
2. 学习一种推断配合物的组成的方法。
3. 学习使用电导率仪及通过电导率确定配合物所含离子数的方法。

二、实验原理

运用水溶液中的取代反应来制取金属配合物是制备金属配合物最常用的方法之一,实际上是在水溶液中用适当的配体来取代水合配离子中的水分子。氧化还原反应来制取金属配合物是将不同氧化态的金属化合物,在配体存在下使其适当地氧化或还原得到金属配合物目标物。

在水溶液中,Co^{2+}的配合物能很快地进行取代反应(是活性的),而Co^{3+}配合物的取代反应则很慢(是惰性的)。同时,由于$E^{\ominus}(Co^{3+}/Co^{2+})$较高(1.84V),所以,在一般情况下,$Co^{2+}$在水溶液中是稳定的,不易被氧化为$Co^{3+}$,相反,$Co^{3+}$很不稳定,容易氧化水放出氧[$(E^{\ominus}(Co^{3+}/Co^{2+})=1.84V>E^{\ominus}(O_2/H_2O)=1.229V$]。但在有氨水配位剂存在时,由于形成相应的配合物$[Co(NH_3)_6]^{2+}$,电极电势$E^{\ominus}([Co(NH_3)_6]^{3+}/[Co(NH_3)_6]^{2+})=0.1V$,因此$Co^{2+}$很容易被氧化为$Co^{3+}$,得到较稳定的$Co^{3+}$配合物。

在大量氨和氯化铵存在下，选择活性炭作为催化剂，采用 H_2O_2 作氧化剂将 Co^{2+} 氧化为 Co^{3+}，即可制得 $[Co(NH_3)_6]Cl_3$。其反应式为

$$2[Co(H_2O)_6]Cl_2\text{(粉红色)} + 10NH_3 + 2NH_4Cl + H_2O_2 \xrightarrow{\text{活性炭}}$$
$$2[Co(NH_3)_6]Cl_3\text{(橙黄色)} + 14H_2O$$

$[Co(NH_3)_6]^{3+}$ 很稳定（$K_f^{\ominus} = 1.6 \times 10^{35}$），在强碱的作用下（冷时）或强酸作用下基本不被分解。将产物溶解在酸性溶液中以除去其中混有的催化剂，减压过滤除去活性炭，然后在较浓的盐酸存在下使产物结晶析出。

Co^{2+} 与氯化铵和氨水作用，经氧化后一般可生成三种产物：紫红色的 $[Co(NH_3)_5Cl]Cl_2$ 晶体、砖红色的 $[Co(NH_3)_5H_2O]Cl_3$ 晶体、橙黄色的 $[Co(NH_3)_6]Cl_3$ 晶体。控制不同的条件可得不同的产物，若实验温度控制不好，很可能形成 $[Co(NH_3)_5Cl]Cl_2$ 和 $[Co(NH_3)_5H_2O]Cl_3$ 产物。

配合物的组成分析，通常是先确定配合物的外界，然后将配离子破坏再来确定其内界。配离子的稳定性受很多因素影响，通常可用加热或改变溶液酸碱性来破坏它。本实验通过定性、半定量、估量的分析方法确定配合物的组成（Co^{2+}、NH_4^+、Cl^-），初步推定配合物的化学式，然后，采用电导率仪来测定一定浓度配合物溶液的电导率，与已知电解质溶液的电导率进行对比（见表 6-4），确定该配合物化学式中含有的离子个数，进一步确定该化学式。

表 6-4　各类电解质溶液的电导率

电解质	类型（离子数）	电导率/S	
		0.01mol/L	0.001mol/L
KCl	1-1 型（2）	1230	133
$BaCl_2$	1-2 型（3）	2150	250
$K_3[Fe(CN)_6]$	1-3 型（4）	3400	420

游离的 Co^{2+} 在酸性溶液中可与 KSCN 作用生成蓝色配合物 $[Co(NCS)_4]^{2-}$。因其在水中溶解度大，故常加入 KSCN 浓溶液或固体，并加入戊醇和乙醚以提高稳定性。由此可来鉴定 Co^{2+} 的存在。其反应如下：

$$Co^{2+} + 4SCN^- \longrightarrow [Co(NCS)_4]^{2-}\text{（蓝色）}$$

游离的 NH_4^+ 可由奈斯勒试剂来鉴定（详见实验 32）。

三、预习要求

1. 钴的重要化合物的性质，制备 $[Co(NH_3)_6]Cl_3$ 的基本原理和方法。

2. 确定 $[Co(NH_3)_6]Cl_3$ 配合物的组成的原理以及操作要点。

3. 水浴加热、过滤、洗涤、干燥等基本操作。

4. 电导率仪的构造和使用方法。

四、仪器与试剂

仪器：台秤，电子天平，锥形瓶，烧杯，表面皿，恒温水浴锅，循环水真空泵，抽滤瓶，布

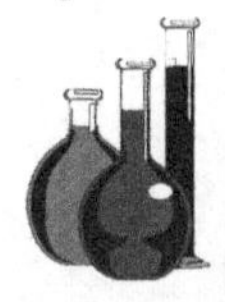

氏漏斗，烘箱，漏斗($\phi=6cm$)，漏斗架，电炉，石棉网，量筒，试管，试管架，滴管，普通温度计，电导率仪。

试剂：$CoCl_2 \cdot 6H_2O$ (s)，NH_4Cl (s)，KI (s)，KSCN (s)，浓 HNO_3，6mol/L HCl 溶液，浓 HCl，10% H_2O_2 溶液，浓氨水，2mol/L $AgNO_3$ 溶液，新配制的 0.5mol/L $SnCl_2$ 溶液，奈斯勒试剂，乙醚，戊醇。

材料：活性炭，冰，pH 试纸，滤纸。

五、实验内容

1. $[Co(NH_3)_6]Cl_3$ 的制备

在 100mL 锥形瓶中，将 1.0g NH_4Cl 溶于 6mL 浓氨水中，并摇动使溶液均匀。分数次加入 2.0g $CoCl_2$ 粉末，边加边摇动使溶液成棕色稀浆。加入 0.3g 活性炭(已称好)，摇匀，冷却后，进一步用冰水冷却到 10℃以下，缓慢加入 5mL 10% H_2O_2 溶液，边加边摇动，加完再摇动。当溶液停止起泡时，慢慢加入 6mL 浓 HCl，并在水浴上加热至 60℃左右(温度不要超过 85℃)，恒温 10～15min(同时不断摇动锥形瓶)，后在室温下冷却并摇动。再以冰水冷却即有晶体析出(粗产品)，抽滤。将滤饼溶于含有 1.5mL 浓 HCl 的 15mL 沸水中，趁热过滤(以去除活性炭)，加 5mL 浓 HCl 于滤液中。以冰水冷却，即有晶体析出，抽滤，用 10mL 无水乙醇洗涤，尽量抽干，将滤饼连同滤纸一并取出放在表面皿上，置于烘箱中，在 105℃左右烘干 25min，称量(称准至 0.1g)，计算产率。

[思考题 1] 将 $CoCl_2$ 加入 NH_4Cl 与浓氨水的混合液中，可发生什么反应？生成何种配合物？

[思考题 2] 在制备过程中，在 60℃左右的水浴加热 10～15min 的目的是什么？为什么不能超过 85℃？

[思考题 3] 在加入 H_2O_2 和浓 HCl 时都要求慢慢加入，为什么？它们在制备 $[Co(NH_3)Cl_3]$ 的过程中起什么作用？

[思考题 4] 将粗产品溶于含 HCl 的沸水中，趁热过滤后，再加入浓 HCl 的目的是什么？

2. $[Co(NH_3)_6]Cl_3$ 组成的初步推断

(1)酸碱性的测定　用小烧杯取 0.3g 所制得的产物，加入 35mL 蒸馏水，混匀后用 pH 试纸检验其酸碱性。

(2)内界、外界 Cl^- 比例的测定　用烧杯取 15mL 上述步骤(1)中所得的混合液，慢慢滴加 2mol/L $AgNO_3$ 溶液并搅动，直至没有沉淀生成，然后过滤，往滤液中加 1～2mL 浓 HNO_3 并搅动，再往溶液中加入 $AgNO_3$ 溶液，看看有无沉淀，若有，与前面的沉淀比较一下量的多少。

(3)Co^{3+} 的测定　取 2～3mL 上述步骤(1)中所得的混合液于试管中，加几滴 0.5mol/L $SnCl_2$ 溶液，振荡后加入一粒绿豆大小的 KSCN 固体，振荡后再加入 1mL 戊醇和 1mL 乙醚，振荡后观察上层溶液中的颜色。

[思考题 5] 上述步骤中为什么要加几滴 $SnCl_2$ 溶液？加入戊醇、乙醚的目的是什么？

(4)NH_3 的测定　取 2mL 上述步骤(1)中所得的混合液于试管中，加入少量蒸馏水，得清亮溶液后，加 2 滴奈斯勒试剂并观察变化。

(5)配合物分解后 Co^{3+} 和 NH_3 的测定　将上述步骤(1)中剩下的混合液加热，观察溶液变化，直至其完全变成棕黑色后停止加热，冷却后用 pH 试纸检验溶液的酸碱性，再过滤(必要时用双层滤纸)。取所得清液，分别做一次步骤(3)、步骤(4)。观察现象与原来的有什么不同。

通过这些实验能推断出此配合物的组成，并能写出其化学式吗？

(6)配合物溶液电导率的测定　由上述自己推断的化学式来配制 100mL 0.01mol/L 该配合物的溶液，用电导率仪测量其电导率，稀释 10 倍后再测其电导率，确定其化学式中所含离子数。

六、数据记录与处理

1. $[Co(NH_3)_6]Cl_3$ 的制备

$CoCl_2 \cdot 6H_2O$ 质量/g	理论产量 /g	实际产量/g	产率/%	产品外观和性状

2. $[Co(NH_3)_6]Cl_3$ 组成的初步推断

实验内容		实验现象	结论及方程式
(1)酸碱性			
(2)内界、外界 Cl^- 比例的测定			
(3)Co^{3+} 的测定			
(4)NH_3 的测定			
(5)配合物分解后	Co^{3+} 的测定		
	NH_3 的测定		
(6)配合物溶液电导率的测定	稀释前		
	稀释后		

(赵松林编)

实验 35　三草酸合铁酸钾的合成及其组成分析

一、实验目的

1. 通过学习三草酸合铁酸钾的合成方法，掌握无机制备的一般方法。

2. 用化学分析法确定草酸根合铁酸钾的组成，了解配合物组成分析与性质表征的方法和手段。

3. 综合训练并熟练掌握无机合成、滴定分析的基本操作。

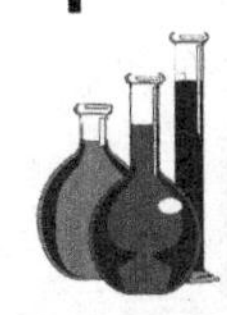

二、实验原理

6-5 三草酸合铁微课

三草酸合铁酸钾，即 $K_3[Fe(C_2O_4)_3]\cdot 3H_2O$，为翠绿色的单斜晶体，易溶于水(溶解度：0℃时，4.7g/100g 水；100℃时，117.7g/100g 水)，难溶于乙醇。它在 110℃下失去三分子结晶水而成为 $K_3[Fe(C_2O_4)_3]$，230℃时分解。该配合物对光敏感，受光照射分解变为黄色。

$$2K_3[Fe(C_2O_4)_3] \xrightarrow{光} 3K_2C_2O_4 + 2FeC_2O_4 + 2CO_2\uparrow$$

由于 $K_3[Fe(C_2O_4)_3]\cdot 3H_2O$ 具有光敏性，通常用来作为化学光量计。此外，它是制备某些负载型活性铁催化剂的主要材料，也是一些有机反应良好的催化剂，在工业上具有一定的应用价值。

目前，合成 $K_3[Fe(C_2O_4)_3]\cdot 3H_2O$ 的工艺路线有多种。例如，以铁为原料制得 $(NH_4)_2Fe(SO_4)_2$，加草酸钾，制得草酸亚铁后，经氧化制得 $K_3[Fe(C_2O_4)_3]\cdot 3H_2O$；由硫酸铁与草酸钾直接合成 $K_3[Fe(C_2O_4)_3]\cdot 3H_2O$。

本实验采用以 $(NH_4)_2Fe(SO_4)_2\cdot 6H_2O$ 为原料，加草酸制得草酸亚铁沉淀，再通过 H_2O_2 氧化得到 $K_3[Fe(C_2O_4)_3]\cdot 3H_2O$。反应物中的 $Fe(OH)_3$ 可加入过量的 $H_2C_2O_4$，也将其转为产物。其反应式为

$$(NH_4)_2Fe(SO_4)_2\cdot 6H_2O + H_2C_2O_4 \longrightarrow FeC_2O_4\cdot 2H_2O\downarrow + (NH_4)_2SO_4 + H_2SO_4 + 4H_2O$$

$$6FeC_2O_4\cdot 2H_2O + 3H_2O_2 + 6K_2C_2O_4 \longrightarrow 4K_3[Fe(C_2O_4)_3] + 2Fe(OH)_3 + 12H_2O$$

$$2Fe(OH)_3 + 3H_2C_2O_4 + 3K_2C_2O_4 \longrightarrow 2K_3[Fe(C_2O_4)_3] + 6H_2O$$

所得配合物中的 K^+、Fe^{3+}、$C_2O_4^{2-}$ 可根据其离子鉴定反应来判断，并可以确定它们处于配合物的内界还是外界。

K^+ 与 $Na_3[Co(NO_2)_6]$ 在中性或稀醋酸介质中，生成亮黄色的 $K_2Na[Co(NO_2)_6]$ 沉淀。

$$2K^+ + Na^+ + [Co(NO_2)_6]^{3-} \longrightarrow K_2Na[Co(NO_2)_6]\downarrow(亮黄色)$$

Fe^{3+} 能与 KSCN 反应，生成血红色 $[Fe(NCS)_n]^{3-n}$。

$$Fe^{3+} + nSCN^- \longrightarrow [Fe(NCS)_n]^{3-n}(血红色)$$

$C_2O_4^{2-}$ 能与 Ca^{2+} 反应，生成白色 CaC_2O_4 沉淀。

$$Ca^{2+} + C_2O_4^{2-} \longrightarrow CaC_2O_4\downarrow(白色)$$

通过定量化学分析可以确定各组分的质量分数，从而推断其化学式。

配合物中 Ca^{2+}、Fe^{3+} 等金属离子的含量一般可通过容量滴定、比色分析或原子吸收光谱法确定。配体草酸根的含量分析一般采用氧化还原滴定法(高锰酸钾法)确定，也可用热分析法确定。红外光谱可定性鉴定配合物中所含有的结晶水和草酸根。用热分析法可定量测定结晶水和草酸根的含量，也可用气相色谱法测定不同温度时热分解产物中逸出气体的组分及其相对含量来确定。

本实验采用 $KMnO_4$ 滴定法测定配合物中 $C_2O_4^{2-}$ 和 Fe^{3+} 的含量。

$KMnO_4$ 滴定法测定配合物中 $C_2O_4^{2-}$ 含量的反应式为

$$2MnO_4^- + 5C_2O_4^{2-} + 16H^+ \longrightarrow 2Mn^{2+} + 10CO_2 + 8H_2O$$

$C_2O_4^{2-}$ 的含量($w_{C_2O_4^{2-}}$)可按下式计算：

$$w_{C_2O_4^{2-}}=\frac{5c_{KMnO_4}V_{KMnO_4}M_{C_2O_4^{2-}}}{2m_s}\times 100\%$$

式中，$M_{C_2O_4^{2-}}$ 为 $C_2O_4^{2-}$ 的摩尔质量，单位为 g/mol；c_{KMnO_4} 为 $KMnO_4$ 的浓度，单位为 mol/L；V_{KMnO_4} 为消耗 $KMnO_4$ 溶液的体积，单位为 L；m_s 为产品的取样质量，单位为 g。

在测定铁含量时，首先用 Zn 粉还原 Fe^{3+} 成 Fe^{2+}，然后用 $KMnO_4$ 标准溶液滴定 Fe^{2+}。其反应式为

$$2Fe^{3+}+Zn\longrightarrow 2Fe^{2+}+Zn^{2+}$$

$$MnO_4^-+5Fe^{2+}+8H^+\longrightarrow Mn^{2+}+5Fe^{3+}+4H_2O$$

Fe^{3+} 的含量（$w_{Fe^{3+}}$）可按下式计算：

$$w_{Fe^{3+}}=\frac{5c_{KMnO_4}V_{KMnO_4}M_{Fe^{3+}}}{m_s}\times 100\%$$

式中，$M_{Fe^{3+}}$ 为 Fe^{3+} 的摩尔质量，单位为 g/mol。

配合物中的结晶水含量测定采用烘干法。

三、预习要求

1. 三草酸合铁酸钾的组成和合成方法，K^+、Fe^{3+} 和 $C_2O_4^{2-}$ 特性。

2. 水浴加热、蒸发、浓缩、结晶、减压过滤等基本操作（二维码 3-11）。

3. 烘干法测定结晶水的方法。

四、仪器与试剂

仪器：台秤，电子天平，干燥器，烘箱，恒温水浴锅，循环水真空泵，抽滤瓶，布氏漏斗，烧杯，量筒，电炉，石棉网，玻棒，胶头滴管，酸式滴定管，锥形瓶，漏斗，称量瓶。

试剂：$(NH_4)_2Fe(SO_4)_2\cdot 6H_2O$(s)，3mol/L H_2SO_4 溶液，饱和 $H_2C_2O_4$ 溶液，饱和 $K_2C_2O_4$ 溶液，3% H_2O_2 溶液，95% 乙醇溶液，50% 乙醇溶液，丙酮，$Na_3[Co(NO_2)_6]$，1mol/L KSCN 溶液，0.1mol/L $FeCl_3$ 溶液，0.6mol/L $CaCl_2$ 溶液，0.01000mol/L $KMnO_4$ 标准溶液，锌粉(s)。

五、实验内容

1. 三草酸合铁酸钾的制备

(1)$FeC_2O_4\cdot 2H_2O$ 的制备　称取 6g 硫酸亚铁铵固体放入 100mL 烧杯中，然后加 20mL 蒸馏水和 10 滴 3mol/L H_2SO_4 溶液，加热溶解后，再加入 25mL 饱和 $H_2C_2O_4$ 溶液，加热搅拌至沸 5min，静置。待黄色晶体 $FeC_2O_4\cdot 2H_2O$ 沉淀后，倾析法弃去上层清液。洗涤沉淀三次，每次加 10mL 蒸馏水，搅拌并温热，静置，弃去上层清液，即得黄色沉淀 $FeC_2O_4\cdot 2H_2O$。

(2)$K_3[Fe(C_2O_4)_3]\cdot 3H_2O$ 的制备　往 $FeC_2O_4\cdot 2H_2O$ 沉淀中，加入饱和 $K_2C_2O_4$ 溶液 15mL，水浴加热至 40℃（反应温度不能太高，以免 H_2O_2 分解），恒温下慢慢滴加 3% H_2O_2 溶液 30mL，边加边搅拌（使 Fe^{2+} 充分被氧化），沉淀转为深棕色，加完后将溶液加热至沸，以除去过量的 H_2O_2，趁热逐滴加入 15mL 饱和 $H_2C_2O_4$ 溶液，并保持在沸点附近，沉淀完全溶解，溶液转为绿色，加热浓缩溶液，使体积小于 30mL。冷却后加入 95%

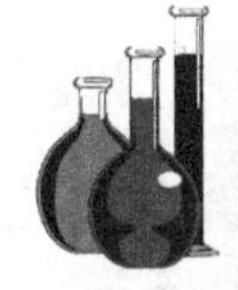

乙醇溶液 25mL，在暗处放置，烧杯底部有晶体析出。晶体完全析出后，减压过滤，用少量50% 乙醇溶液、丙酮洗涤产品，尽量抽干。用滤纸吸干，称重，计算产率，并将晶体放在干燥器内避光保存。

［**思考题 1**］ H_2O_2 氧化 Fe^{2+} 时，为什么温度不能超过 40℃？

［**思考题 2**］ 加入乙醇的作用是什么？

［**思考题 3**］ 如何提高产品的质量？如何提高产量？

［**思考题 4**］ 根据三草酸合铁酸钾的性质，应如何保存该化合物？

2. 产物的定性鉴定

(1) K^+ 的鉴定　取一支试管，加入少量产品，用蒸馏水溶解，再加入 1mL $Na_3[Co(NO_2)_6]$溶液，放置片刻，观察现象。

(2) Fe^{3+} 的鉴定　取两支试管，一支加入少量产品并用蒸馏水溶解，另一支加入少量 $FeCl_3$ 溶液，再在两支试管中各加入 2 滴 0.1mol/L KSCN 溶液，观察实验现象。在装有产物溶液的试管中加入 2 滴 3mol/L H_2SO_4 溶液，再观察溶液颜色有何变化。

(3) $C_2O_4^{2-}$ 的鉴定　取两支试管，一支加入少量产品并用蒸馏水溶解，另一支加入少量饱和 $K_2C_2O_4$ 溶液，再在两支试管中各加入 2 滴 0.6mol/L $CaCl_2$ 溶液，观察实验现象。在装有产物溶液的试管中加入 2 滴 3mol/L H_2SO_4 溶液，再观察溶液颜色有何变化。

3. 产物组成的定量分析

(1) 结晶水的测定　在电子天平上准确称取 0.5000～0.6000g 产品两份，放入已恒重的称量瓶中，在 110℃ 的烘箱中干燥 1h（称量瓶开一条小缝），冷却至室温，称重。根据称量结果计算产品中结晶水的质量，换算成物质的量。

(2) 草酸根的测定　在电子天平上准确称取 0.1500～0.1600g 产品两份，分别放入两个 250mL 锥形瓶中，加入 10mL 3mol/L H_2SO_4 溶液和 20mL 蒸馏水，加热至 75～85℃（锥形瓶内口有水蒸气凝结，温度不能超过 85℃，否则草酸易分解），趁热用已标定准确浓度的 $KMnO_4$ 标准溶液滴定至微红色在 30s 内不消失即为终点，记下消耗 $KMnO_4$ 标准溶液的体积，计算 $K_3[Fe(C_2O_4)_3] \cdot 3H_2O$ 中草酸根的质量，换算成草酸根的物质的量。滴定后的溶液保留，供铁的测定使用。

(3) 铁的测定　在上述步骤(2)中滴定过草酸根后保留的溶液中加一小匙锌粉（注意量不能太多），至黄色消失，继续加热 3min，使 Fe^{3+} 完全还原为 Fe^{2+}。趁热过滤除去多余的 Zn 粉，滤液转入另一 250mL 锥形瓶中，洗涤漏斗，将洗涤液一并转到上述锥形瓶中，继续用 $KMnO_4$ 标准溶液滴定至微红色即为终点，根据消耗 $KMnO_4$ 的体积计算 $K_3[Fe(C_2O_4)_3] \cdot 3H_2O$ 中铁的质量及物质的量。

六、数据记录与处理

1. 三草酸合铁酸钾的产率计算

$(NH_4)_2Fe(SO_4)_2 \cdot 6H_2O$ 质量/g	理论产量/g	实际产量/g	产率/%

2. 配合物中结晶水含量的测定

测定序号	脱水前的样品质量 m_1/g	脱水后的样品质量 m_2/g	结晶水质量 m/g
1			
2			

3. 配合物中草酸根含量的测定

根据高锰酸钾溶液的用量计算草酸根的质量分数。

测定序号	样品的质量 m_s/g	V_{KMnO_4}/mL	$w_{C_2O_4^{2-}}/\%$	$\overline{w}_{C_2O_4^{2-}}/\%$
1				
2				
3				

4. 配合物中的铁含量测定

根据高锰酸钾溶液的用量计算铁的质量分数。

测定序号	样品的质量 m_s/g	V_{KMnO_4}/mL	$w_{Fe^{3+}}/\%$	$\overline{w}_{Fe^{3+}}/\%$
1				
2				
3				

5. 根据上述实验结果，计算钾的物质的量，推断出配合物的化学式。

（闫振忠编）

实验 36　甘氨酸锌螯合物的合成及锌含量的测定

一、实验目的

1. 掌握氨基酸金属配合物的合成方法，巩固有关分离提纯方法。
2. 掌握配位滴定的基本原理、方法和计算。
3. 了解二甲酚橙指示剂的使用条件和终点变化。

二、实验原理

锌是人和动物必需的微量元素，它具有加速生长发育、改善味觉、调节肌体免疫、防止感染和促进伤口愈合等功能，缺锌会产生多种疾病。补锌的药物有硫酸锌、甘草酸锌、乳酸锌、葡萄糖酸锌等。由于氨基酸所特有的生理功能，氨基酸与锌的螯合物可直接由肠道消化吸收，具有吸收快、利用率高等优点，还具有双重营养性和治疗作用，是一种理想的补

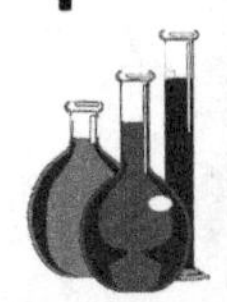

锌制剂。甘氨酸锌为白色针状晶体，熔点为 282～284℃，易溶于水，不溶于醇、醚等有机溶剂，水溶液呈微碱性，其合成方法有多种。本实验以甘氨酸和碱式碳酸锌为原料，固液相反应法合成甘氨酸锌螯合物。

测定螯合物中锌的含量的方法是，将样品灰化后，在 pH=5～6 的缓冲溶液中以二甲酚橙为指示剂，用 EDTA(H_2Y^{2-})配位滴定。二甲酚橙先与部分 Zn^{2+} 配位为 ZnIn，在 pH=5～6 时呈现紫红色。而当滴入 EDTA 时，EDTA 先与游离的 Zn^{2+} 配位，然后再夺取 ZnIn 中的 Zn^{2+}，使二甲酚橙游离，因此到达终点时，溶液由紫红色变为黄色。根据 EDTA 标准溶液的用量即可计算样品中 Zn^{2+} 的含量。

$$Zn^{2+} + H_2Y^{2-} \longrightarrow ZnY^{2-} + 2H^+$$

按下式计算 Zn^{2+} 的含量($w_{Zn^{2+}}$)：

$$w_{Zn^{2+}} = \frac{c_{EDTA} V_{EDTA} M_{Zn^{2+}}}{m_s} \times 100\%$$

式中，c_{EDTA} 为 EDTA 的摩尔浓度，单位为 mol/L；V_{EDTA} 为消耗 EDTA 标准溶液的体积，单位为 L；m_s 为样品质量，单位为 g；$M_{Zn^{2+}}$ 为 Zn^{2+} 的摩尔质量，单位为 g/mol。

三、预习要求

1. 固液相反应。

2. 滴定基本操作(二维码 3-3)。

四、仪器与试剂

仪器：烧杯，蒸发皿，量筒，台秤，电子天平，恒温水浴锅，循环水真空泵，抽滤瓶，布氏漏斗，P_2O_5 干燥器，恒温磁力搅拌器，酸式滴定管，锥形瓶，移液管，坩埚，坩埚钳，马弗炉。

试剂：甘氨酸(s)，碱式碳酸锌(s)，95%乙醇溶液，二甲酚橙，1∶1 氨水，0.1mol/L HCl 溶液，六亚甲基四胺，EDTA 标准溶液。

五、实验内容

1. 甘氨酸锌的制备

将 6.0g (80mmol)甘氨酸溶于 100mL 水中，加入 6.3g (28mmol)碱式碳酸锌，95℃下加热搅拌 4h，趁热过滤，将滤液置于水浴中缓慢加热浓缩至晶膜出现，冷却，析出大量白色晶体，抽滤，用 95%乙醇洗涤，晶体置于 P_2O_5 干燥器中干燥，得产品甘氨酸锌，称重，并计算产率。

2. 锌含量的测定

将约 0.30000g 样品于 500℃灰化，溶于 10mL 0.1mol/L HCl 溶液中，转移至 250mL 容量瓶中并稀释至刻度，摇匀。

准确吸取 50mL 上述溶液于 250mL 锥形瓶中，加入 25mL 蒸馏水，滴加 3 滴二甲酚橙指示剂。用 1∶1 氨水调节溶液呈橙红色，然后滴加六亚甲基四胺至溶液呈紫红色后，再多加 3mL。用 EDTA 标准溶液滴定，当溶液由紫红色变为黄色时，即为终点。记录所用体积 V_{EDTA}。用同样方法平行测定三次。

[思考题 1] 本实验中，甘氨酸和碱式碳酸锌哪个过量比较好？为什么？

[思考题 2] 在计算甘氨酸锌产率时，是根据甘氨酸的用量，还是根据碱式碳酸锌的

用量？影响甘氨酸锌产率的因素主要有哪些？

[思考题3] 为什么滴定 Zn^{2+} 时要控制 pH=5～6？

六、数据记录与处理

1. 配合物的产率计算

甘氨酸质量/g	碱式碳酸锌质量/g	理论产量/g	实际产量/g	产率/%

2. 配合物中锌的质量分数

根据 EDTA 标准溶液的用量计算 Zn^{2+} 的含量。

测定序号	样品的质量 m_s/g	V_{EDTA}/mL	$w_{Zn^{2+}}$	$\overline{w}_{Zn^{2+}}$/%
1				
2				
3				

(闫振忠编)

实验37 Cr^{3+}配合物的制备和分裂能的测定

一、实验目的

1. 学习铬$^{3+}$配合物的制备方法。
2. 学习用光度法测定配合物分裂能的方法，了解配合物电子光谱的测定与绘制。
3. 加深对不同配体对配合物中心离子 d 轨道分裂能的影响的理解。
4. 熟悉分光光度计的使用方法。

二、实验原理

过渡金属离子形成配合物时，在配体场的作用下，金属离子的 d 轨道发生能级分裂。由于五个简并的 d 轨道空间伸展方向不同，因而受配体场的影响情况各不相同，在不同配体场的作用下，d 轨道的分裂形式和分裂后轨道间的能量差也不同。在八面体场的作用下，d 轨道分裂为两个能量较高的 e_g 轨道和三个能量较低的 t_{2g} 轨道，分裂后的 e_g 和 t_{2g} 轨道间的能量差称为分裂能，用 Δ_0(或 10Dq)表示。Δ_0 值随配体的不同而不同，其大小顺序为：

$I^- < Br^- < Cl^- < S^{2-} < SCN^- < NO_3^- < F^- < OH^- \approx ONO^- < C_2O_4^{2-} < H_2O < NCS^- < EDTA < NH_3 < en < SO_3^{2-} < NO_2^- < CN^- \approx CO$

上述 Δ_0 值的次序称为光谱化学序。

配合物的 Δ_0 可通过测电子光谱求得。中心离子的价电子构型为 $d^1 \sim d^9$ 的配离子，由于 d 轨道没有充满，电子吸收相当于分裂能 Δ_0 的能量，在 e_g 和 t_{2g} 轨道之间发生电子跃

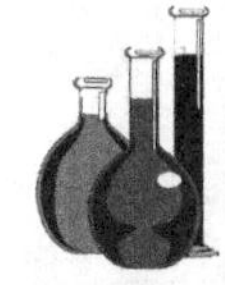

迁(d-d 跃迁)。用分光光度计在不同波长下测定配合物溶液的吸光度，以吸光度对波长作图，即得配合物的电子光谱。电子光谱上最大吸收峰所对应的波长即为 d-d 跃迁所吸收光能的波长，由波长可计算出分裂能的大小：

$$\Delta_0 = \frac{1}{\lambda} \times 10^7$$

式中，λ 的单位为 nm；Δ_0 的单位为 cm^{-1}。

不同 d 电子及不同构型配合物的电子光谱是不同的，因此计算 Δ_0 的方法也各不相同。例如在八面体场中，配离子的中心离子的电子数为 d^1、d^4、d^6、d^9，其吸收光谱只有一个简单的吸收峰，根据此吸收峰位置的波长，计算 Δ_0 值；中心离子的电子数为 d^2、d^3、d^7、d^8，其吸收光谱应该有三个吸收峰，但实验中往往只能测得两个明显的吸收峰，第三个吸收峰被强烈的电荷迁移所覆盖。对于 d^3、d^8 电子构型，由吸收光谱中最大波长的吸收峰处的波长计算 Δ_0 值；对于 d^2、d^7 电子构型，由吸收光谱中最大波长的吸收峰和最小波长的吸收峰之间的波长差计算 Δ_0 值。

三、预习要求

1. 配合物晶体场理论，计算分裂能 Δ_0 的方法。

2. 分光光度计的构造及使用原理。

四、仪器与试剂

仪器：台秤，烧杯，量筒，研钵，循环水真空泵，抽滤瓶，布氏漏斗，蒸发皿，烘箱，表面皿，分光光度计。

试剂：$K_2C_2O_4$(s)，$K_2Cr_2O_7$(s)，$H_2C_2O_4$(s)，$CrCl_3 \cdot 6H_2O$ (s)，$KCr(SO_4)_2 \cdot 12H_2O$ (s)，EDTA (s)，丙酮。

材料：坐标纸。

五、实验内容

1. 铬$^{3+}$配合物的制备与溶液的配制

(1)$[Cr(C_2O_4)_3]^{3-}$配离子溶液的配制　将 0.5g 研细的 $K_2Cr_2O_7$ 溶于 10mL 蒸馏水中，加热使其溶解。再将 0.6g $K_2C_2O_4$ 和 1.2g $H_2C_2O_4$ 加入其中，不断搅拌，待反应完毕后，将溶液转至蒸发皿中，蒸发溶液使晶体析出，冷却后抽滤，用丙酮洗涤晶体，得到暗绿色的 $K_3[Cr(C_2O_4)_3] \cdot 3H_2O$ 晶体，于 105～110℃下烘干。

再称取 0.1g 烘干后的 $K_3[Cr(C_2O_4)_3]$ 晶体，溶于 50mL 蒸馏水中，制得 $[Cr(C_2O_4)_3]^{3-}$ 溶液。

(2)$[Cr(H_2O)_6]^{3+}$配离子溶液的配制　称取 0.4g $KCr(SO_4)_2 \cdot 12H_2O$，溶于 20mL 蒸馏水中，搅拌，加热至沸，冷却后加水稀释至约 50mL，即得$[Cr(H_2O)_6]^{3+}$溶液。

(3)CrY^-配离子溶液的配制　称取约 0.14g EDTA 于小烧杯中，加入约 50mL 蒸馏水，加热溶解后加入约 0.1g $CrCl_3 \cdot 6H_2O$，搅拌，稍加热，得紫色 CrY^- 溶液。

2. 配合物电子光谱的测定

以蒸馏水为参比溶液，比色皿的厚度为 1cm，在 360～700nm 波长范围内，测定上述三种配合物溶液的吸光度 A。每隔 10nm 测一组数据，在各配合物溶液的最大吸光度值附近，可适当缩小波长间隔，增加测定数据。

［思考题1］ 实验中配合物的浓度是否影响 Δ_0 值？

［思考题2］ 晶体场分裂能的大小与哪些因素有关？

［思考题3］ 写出 $C_2O_4^{2-}$、H_2O、EDTA 在光谱化学序中的先后顺序？

六、数据记录与处理

1. 不同波长下各配合物的吸光度

λ/nm	$A_{[Cr(C_2O_4)_3]^{3-}}$	$A_{[Cr(H_2O)_6]^{3+}}$	A_{CrY^-}
360			
370			
…			
700			

2. 以波长 λ 为横坐标、吸光度 A 为纵坐标，制作各配合物的电子光谱图。

3. 从电子光谱上确定最大吸收峰所对应的最大吸收波长 λ_{max}，计算各配合物的晶体场分裂能 Δ_0，并与理论值比较。

配合物	λ_{max}/nm	Δ_0
$[Cr(C_2O_4)_3]^{3-}$		
$[Cr(H_2O)_6]^{3+}$		
CrY^-		

（闫振忠编）

实验38 纳米二氧化硅的制备及其吸附性能

一、实验目的

1. 了解纳米二氧化硅的应用前景。
2. 掌握纳米二氧化硅的制备方法。
3. 了解纳米二氧化硅的吸附性能。

二、实验原理

纳米 SiO_2 为无定形白色粉末，是一种无毒、无味、无污染的非金属材料，一般情况下呈絮状和网状的准颗粒结构，为球状物，颗粒尺寸小，比表面积大。二氧化硅既可作为载体，也可作为填充物制得复合纳米材料。纳米 SiO_2 在生物医学领域有着广泛的应用，如用溶胶-凝胶法制备的纳米微孔二氧化硅可用作微孔反应器、功能性分子吸附剂、生物酶催化剂及药物控释体系的载体等。

纳米 SiO_2 通常以正硅酸乙酯(TEOS)为原料来制得。正硅酸乙酯在碱的催化作用下,与水反应,通过一系列水解、聚合等过程,生成二氧化硅水合物 $Si(OH)_4$。

$$n\mathrm{Si(OC_2H_5)_4} + 4n\mathrm{H_2O} \longrightarrow n\mathrm{Si(OH)_4} + 4n\mathrm{C_2H_5OH}$$

$Si(OH)_4$ 在乙醇与水的混合溶液中,由于体系的碱度降低从而诱发硅酸根的聚合反应,形成低聚合度的 Si—O—结构,在它的表面吸附有大量的水,如果失水,这种硅-氧结合就会迅速扩展,生长出粗大的颗粒。极性分子乙醇的存在起到了隔离的作用,从而制得纳米颗粒的 SiO_2。

通常用 X-射线衍射(XRD)、热重-差热(TGA/DTA)、红外光谱(FT-IR)、元素分析、比表面积分析仪等方法对纳米 SiO_2 的结构、颗粒大小、比表面积等进行表征。

纳米 SiO_2 在 $AgNO_3$ 稀溶液中对 Ag^+ 具有良好的吸附功能,其吸附主要表现为物理吸附,但由于纳米 SiO_2 表面的活性 ≡Si—OH,Ag^+ 与羟基上的质子发生离子交换而进行化学吸附。

本实验以纳米 SiO_2 为担载体,研究纳米 SiO_2 对 Ag^+ 的吸附特性。吸附后剩余的 Ag^+ 的含量可采用滴定法测定。实验时,以铁铵矾作指示剂,用 NH_4SCN 标准溶液滴定。在 Ag^+ 中滴入 NH_4SCN,首先析出 AgSCN 白色沉淀,当 Ag^+ 完全沉淀后,稍过量的 SCN^- 与 Fe^{3+} 生成红色 $[Fe(NCS)]^{2+}$,指示终点到达。滴定中应控制铁铵矾的用量,使 Fe^{3+} 的浓度保持在 0.0015mol/L 左右,直接滴定时应充分摇动溶液。

$$\mathrm{Ag^+} + \mathrm{SCN^-} \longrightarrow \mathrm{AgSCN}\downarrow(\text{白色})$$

$$\mathrm{Fe^{3+}} + \mathrm{SCN^-} \longrightarrow [\mathrm{Fe(NCS)}]^{2+}(\text{红色})$$

根据下面公式可计算吸附量:

$$q = \frac{V(c_0 - c_e)}{m}$$

式中,q 为纳米 SiO_2 的吸附量,单位为 mg/g;V 为被吸附溶液体积,单位为 L;c_0 为吸附前溶液的浓度,单位为 mg/L;c_e 为平衡浓度,单位为 mg/L;m 为纳米 SiO_2 的用量,单位为 g。

三、预习要求

1. 纳米 SiO_2 的合成原理。
2. 纳米材料结构表征方法。
3. 吸附实验的实验方法。

四、仪器与试剂

仪器:烧杯,量筒,容量瓶,移液管,吸量管,恒温水浴锅,烘箱,电子天平,搅拌器。

试剂:正硅酸乙酯,1000mg/L $AgNO_3$ 溶液,乙醇,氨水,铁铵矾(s),0.1000mol/L NH_4SCN 标准溶液。

五、实验内容

1. 纳米 SiO_2 的制备

将 8mL 水和 8mL 乙醇混合搅拌,滴入 2mL 正硅酸乙酯,用 1∶1 氨水调节溶液至中性,搅拌 30min,静置一段时间后即分层得二氧化硅沉淀。将二氧化硅沉淀洗涤,抽滤,100℃干燥得到白色轻质的 SiO_2 粉末。

2. 纳米 SiO_2 对 Ag^+ 的吸附实验

准确称取 2.5g 纳米 SiO_2，加入 250mL 1000mg/L $AgNO_3$ 溶液中，在 40℃水浴中缓慢搅拌 1h 后，过滤，得滤液。

用移液管取滤液 25mL 于 250mL 锥形瓶中。加入 0.036g 铁铵矾作指示剂，用 0.1000mol/L NH_4SCN 标准溶液滴定至红色，记录所消耗的 NH_4SCN 溶液的体积，计算滤液中 Ag^+ 浓度，考察 SiO_2 的吸附能力。平行滴定三次。

［思考题 1］ 本制备纳米 SiO_2 时，加入氨水起到什么作用？

［思考题 2］ 滴定过程中，SCN^- 的加入量是否对滴定有影响？

六、数据记录与处理

根据 NH_4SCN 的用量计算 Ag^+ 的浓度。

测定序号	吸附后滤液的体积/mL	NH_4SCN 标准溶液的浓度/(mg/L)	消耗的 NH_4SCN 标准溶液的体积 /mL	吸附后 $AgNO_3$ 的浓度 c_e/(mg/L)	吸附后 $AgNO_3$ 的平均浓度 $\bar{c}_e$/(mg/L)	吸附前 $AgNO_3$ 的浓度 c_0/(mg/L)	吸附量 q/(mg/g)
1							
2	25						
3							

（闫振忠编）

第7章 应用性及设计性实验

实验39 常见阴离子未知液的分离与鉴定(设计性实验)

一、实验目的

1. 熟悉常见阴离子的有关性质。
2. 掌握常见阴离子的个别鉴定方法,巩固常见阴离子重要反应的基本知识。
3. 了解常见阴离子混合物的分离鉴定方案,培养综合应用的能力。

二、实验原理

在分析鉴定工作中,很少有一种物质是纯净的,多数情况是复杂物质或多种离子共存的混合物。应用元素及其化合物的性质可以对混合液中离子进行分离和鉴定。阴离子的分析没有严密的系统分析方案。有的与酸作用生成挥发性的物质;有的与试剂作用生成沉淀;也有的呈现氧化还原性质。利用这些特点,结合溶液中离子共存情况,可先通过初步试验或进行组试验,以排除不可能存在的离子,然后鉴定可能存在的离子。

常见阴离子有 CO_3^{2-}、SO_3^{2-}、SO_4^{2-}、PO_4^{3-}、$S_2O_3^{2-}$、Cl^-、Br^-、I^-、S^{2-}、NO_2^-、NO_3^-、SiO_3^{2-}、AsO_3^{3-}、Ac^-。

通常采用如下形式设计方案。

1. 分离并鉴定可能含有 Cl^-、Br^-、I^- 混合离子的未知液成分

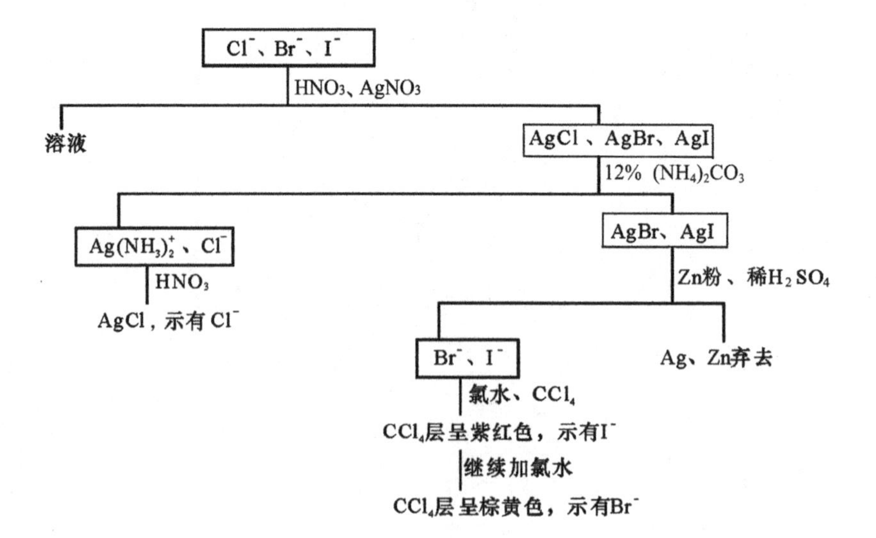

2. 分离并鉴定可能含有 S^{2-}、SO_3^{2-}、$S_2O_3^{2-}$ 混合离子的未知液成分

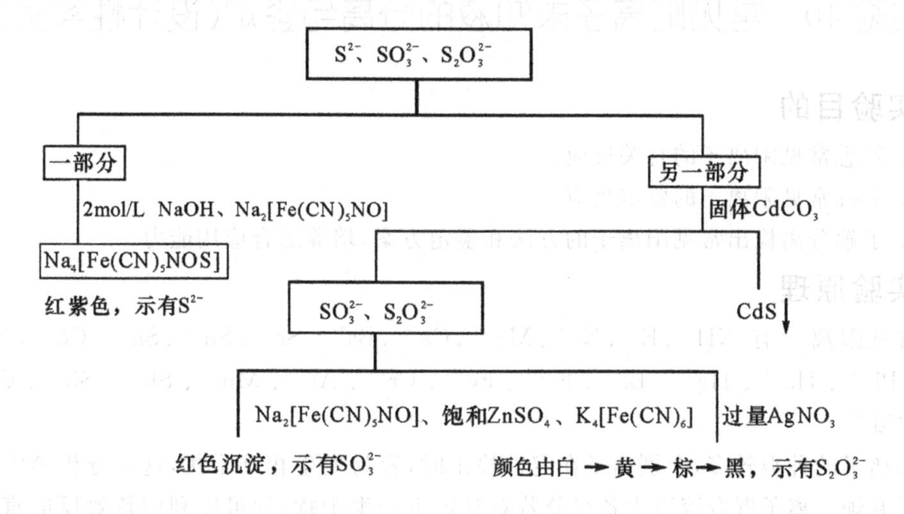

三、预习要求

1. 非金属元素及其化合物性质。

2. 阴离子分析(二维码 5-1)。

四、仪器与试剂

仪器:离心机,酒精灯,试管,离心管,点滴板,玻棒,水浴锅,胶头滴管。

试剂:2mol/L H_2SO_4 溶液,浓 H_2SO_4,6mol/L HCl 溶液,2mol/L HNO_3 溶液,6mol/L HNO_3 溶液,浓 HNO_3,2mol/L HAc 溶液,6mol/L HAc 溶液,2mol/L NaOH 溶液,2mol/L 氨水,饱和$Ba(OH)_2$溶液,0.1mol/L $BaCl_2$ 溶液,0.01mol/L $KMnO_4$ 溶液,0.1mol/L KI 溶液,0.1mol/L $K_4[Fe(CN)_6]$溶液,0.1mol/L $NaNO_2$ 溶液,1mol/L $BaCl_2$ 溶液,新配制的 1% $Na_2[Fe(CN)_5NO]$溶液,12% $(NH_4)_2CO_3$ 溶液,0.1mol/L $AgNO_3$ 溶液,$(NH_4)_2MoO_4$ 溶液,0.02mol/L Ag_2SO_4 溶液,Zn 粉(s),$PbCO_3$(s),$FeSO_4 \cdot 7H_2O$(s),尿素(s),饱和 Cl_2 水,饱和 I_2 水,CCl_4,淀粉溶液。

材料:pH 试纸。

五、实验内容

1. 分离并鉴定可能含有 Cl^-、CO_3^{2-}、PO_4^{3-}、SO_4^{2-} 混合离子的未知液成分。

2. 分离并鉴定可能含有 S^{2-}、$S_2O_3^{2-}$、SO_3^{2-}、PO_4^{3-} 混合离子的未知液成分。

3. 分离并鉴定可能含有 CO_3^{2-}、NO_3^-、SO_4^{2-}、$S_2O_3^{2-}$、I^- 混合离子的未知液成分。

4. 分离并鉴定可能含有 NO_2^-、NO_3^-、CO_3^{2-}、HPO_4^{2-} 混合离子的未知液成分。

[思考题 1] 鉴定 Cl^- 时,怎样除去 Br^-、I^- 的干扰?

[思考题 2] 鉴定 SO_4^{2-} 时,怎样除去 CO_3^{2-}、PO_4^{3-} 的干扰?

[思考题 3] 在 Cl^-、Br^-、I^- 的分离鉴定中,为什么用 12% $(NH_4)_2CO_3$ 溶液将 AgCl 与 AgBr 和 AgI 分离?

(闫振忠编)

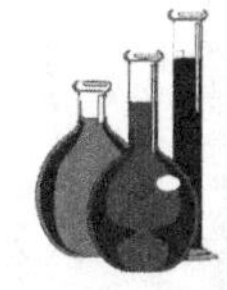

实验40　常见阳离子未知液的分离与鉴定(设计性实验)

一、实验目的

1. 熟悉常见阳离子的有关反应。
2. 掌握常见阳离子的鉴定反应。
3. 了解分离检出常见阳离子的方法和鉴定方案，培养综合应用能力。

二、实验原理

常见阳离子有 NH_4^+、K^+、Na^+、Mg^{2+}、Ca^{2+}、Ba^{2+}、Sr^{2+}、Sn^{2+}、Sn^{4+}、Co^{2+}、Ni^{2+}、Ag^+、Pb^{2+}、Hg^{2+}、Hg_2^{2+}、Bi^{3+}、Fe^{2+}、Fe^{3+}、Cr^{3+}、Al^{3+}、Mn^{2+}、Sb^{3+}、Sb^{5+}、Cu^{2+}、Zn^{2+}、Cd^{2+}。

阳离子的种类较多，个别离子在定性检出时，容易发生相互干扰，这给分析鉴定工作带来了麻烦。离子混合溶液中各组分若对鉴定不产生干扰，便可以利用特效反应直接鉴定某种离子。若共存的其他组分彼此干扰，就要选择适当的方法消除干扰。通常采用掩蔽剂消除干扰，这是一种比较简单、有效的方法。但是很多情况下没有合适的掩蔽剂，就需要将彼此干扰的组分分离。沉淀分离法是最经典的分离方法。这种方法是向混合离子溶液中加入适当的沉淀剂，利用所形成的化合物溶解度的差异，使被鉴定组分与干扰组分分离。常用的沉淀剂有 HCl、H_2SO_4、NaOH、氨水等溶液。

在进行阳离子分析时，通常采用如下形式设计实验方案，再根据方案进行分离和鉴定。

1. 可能含有 Cu^{2+}、Ag^+、Pb^{2+}、Bi^{3+} 混合离子的未知液成分分离和鉴定

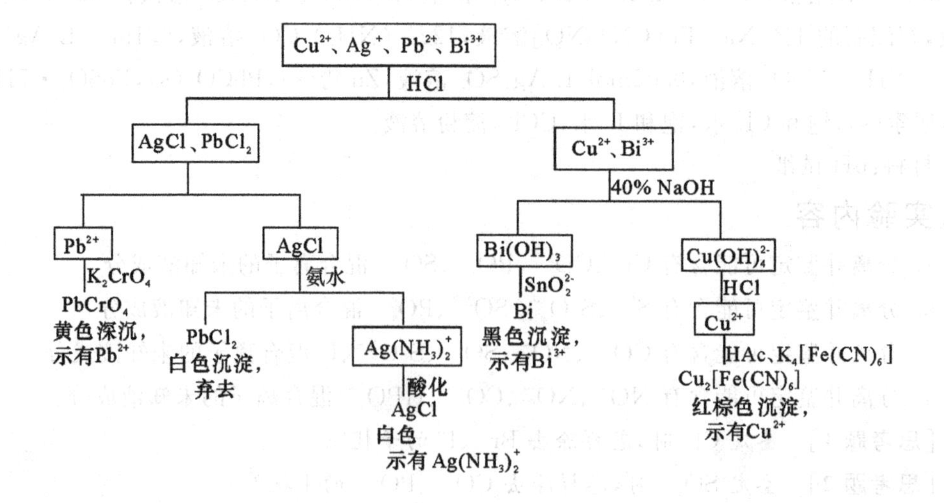

2. 分离并鉴定可能含有 Fe^{3+} 、Ni^{2+} 、Cr^{3+} 、Zn^{2+} 混合离子的未知液成分

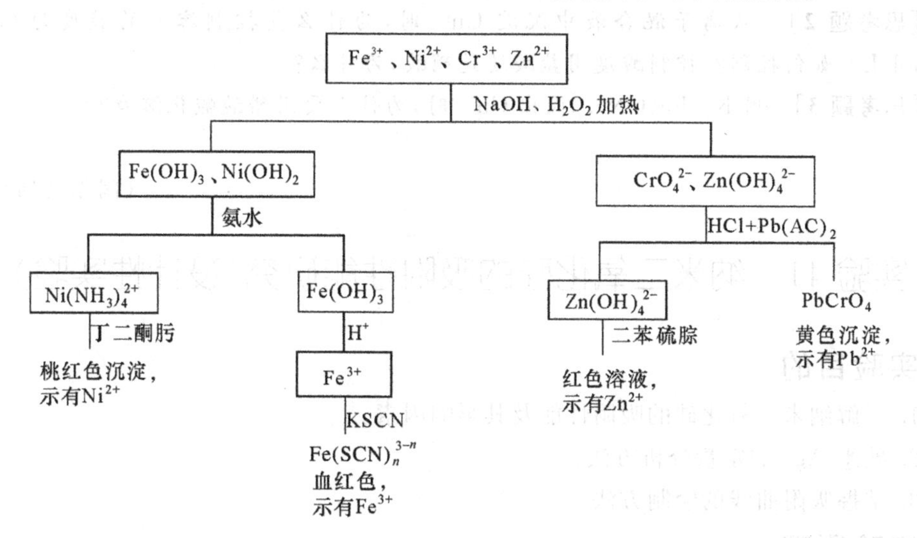

三、预习要求

1. 金属元素及其化合物的性质。

2. 阳离子分析(二维码 5-1)。

四、仪器与试剂

仪器(供选择):离心机,酒精灯,试管,离心管,点滴板,玻棒,水浴锅,胶头滴管。

试剂(供选择):2mol/L H_2SO_4 溶液,浓 H_2SO_4,6mol/L HCl溶液,2mol/L HNO_3 溶液,6mol/L HNO_3 溶液,浓 HNO_3,2mol/L HAc溶液,6mol/L HAc溶液,饱和 H_2S 溶液,2mol/L NaOH 溶液,6mol/L NaOH 溶液,2mol/L 氨水,6mol/L 氨水,0.1mol/L $AgNO_3$溶液,0.2mol/L $Cd(NO_3)_2$溶液,0.5mol/L $Al(NO_3)_3$ 溶液,0.5mol/L $NaNO_3$ 溶液,0.5mol/L $Ba(NO_3)_2$ 溶液,0.5mol/L $Pb(NO_3)_2$溶液,0.5mol/L $Bi(NO_3)_3$ 溶液,0.5mol/L $Cr(NO_3)_3$ 溶液,0.5mol/L $Ni(NO_3)_2$溶液,0.5mol/L $Zn(NO_3)_2$ 溶液,0.5mol/L $Cu(NO_3)_2$溶液,0.5mol/L Na_2S溶液,饱和 $C_8H_4K_2O_{12}Sb_2$(酒石酸锑钾)溶液,2mol/L NaAc溶液,1mol/L K_2CrO_4 溶液,2mol/L $(NH_4)_2C_2O_4$ 溶液,饱和 Na_2CO_3 溶液,2mol/L NH_4Ac溶液,0.1% 铝试剂,0.5 mol/L KSCN溶液,0.5mol/L $K_4[Fe(CN)_6]$溶液,丁二酮,丁二酮肟,硫代乙酰胺,二苯硫腙。

材料:pH 试纸。

五、实验内容

1. 分离并鉴定可能含有 Ag^+ 、Cd^{2+} 、Al^{3+} 、Ba^{2+} 、Na^+ 混合离子的未知液成分。

2. 分离并鉴定可能含有 Co^{2+}、Ni^{2+} 、Cu^{2+} 、Cd^{2+} 、Hg^{2+} 、Mg^{2+} 混合离子的未知液成分。

3. 分离并鉴定可能含有 Zn^{2+} 、Cu^{2+} 、Cd^{2+} 、Hg^{2+} 混合离子的未知液成分。

4. 分离并鉴定可能含有 Ag^+ 、Pb^{2+} 、Hg^{2+} 、Cu^{2+} 、Bi^{3+} 、Zn^{2+} 混合离子的未知液成分。

[思考题1] 在未知液分析中,当由碳酸盐制取铬酸盐沉淀时,为什么必须用醋酸溶

液去溶解碳酸盐沉淀，而不用盐酸等强酸去溶解？

[思考题 2] 从离子混合液中沉淀 Cu^{2+} 时，为什么要控制溶液的酸度为 0.3～0.6mol/L？如何控制？控制酸度用盐酸还是硝酸，为什么？

[思考题 3] 用 $K_4[Fe(CN)_6]$ 检出 Cu^{2+} 时，为什么要用醋酸酸化溶液？

（闫振忠编）

实验 41 纳米二氧化硅的吸附性能研究（设计性实验）

一、实验目的

1. 了解纳米二氧化硅的吸附性能及其影响因素。
2. 熟悉 Ag^+ 的定量分析方法。
3. 掌握吸附曲线的绘制方法。

二、实验原理

纳米 SiO_2 因其具有粒径很小、比表面积很大等优点，具有很强的吸附性能，在污染防治、净化方面具有较强的应用前景。因此，纳米 SiO_2 材料的吸附性能研究一直是人们关注的焦点之一。

纳米 SiO_2 对 Ag^+ 具有较强的吸附性，在吸附初期有较快的吸附速度，随着吸附时间的延长，吸附速度缓慢降低。这是因为随着吸附的进行，固体界面离子浓度与液相本体离子浓度差减小，对流、扩散与吸附推动力减小。

SiO_2 在 $AgNO_3$ 稀溶液中对 Ag^+ 的吸附主要表现为物理吸附，但由于纳米 SiO_2 表面具有活性基团 $\equiv Si-OH$ 等，Ag^+ 与羟基上的质子发生离子交换而进行化学吸附。当温度较低时，随着温度升高，建立吸附平衡的时间将比较快速地缩短，当吸附温度升高到一定程度后，吸附速度增加的幅度变缓。

影响吸附的因素有被吸附离子的浓度、吸附时间、吸附温度等。本实验以实验 38 制得的纳米 SiO_2 为担载体，考察 Ag^+ 浓度、吸附时间、吸附温度对其负载银的能力的影响，确定最佳吸附条件。吸附后剩余的 Ag^+ 的含量及吸附量计算参见实验 38。

三、预习要求

1. 纳米 SiO_2 的合成原理及结构（教材实验 38）。
2. 吸附实验的基本操作步骤及 Ag^+ 的含量测定方法（教材实验 38）。

四、仪器与试剂

仪器：容量瓶，电子天平，振荡器，锥形瓶，移液管，吸量管，酸式滴定管。

试剂：纳米 SiO_2（实验 38 自制），$AgNO_3$(s)，铁铵矾(s)，NH_4SCN 标准溶液。

五、实验内容

1. 硝酸银标准溶液的配制

配制浓度分别为 200mg/L、400mg/L、600mg/L、800mg/L、1000mg/L、1200mg/L 的

$AgNO_3$ 标准溶液。

2. 硝酸银原始浓度对负载能力的影响

分别取 2.5g 纳米 SiO_2，按实验 38 的方法，吸附上述浓度 $AgNO_3$ 溶液，考察 SiO_2 吸附量与 $AgNO_3$ 溶液原始浓度间的关系。

3. 吸附时间对负载能力的影响

按实验 38 的方法，分别取 2.5g 纳米 SiO_2 加入 250mL 1000mg/L $AgNO_3$ 溶液中，在 40℃各吸附 1h、1.5h、2h、2.5h、3h，考察 SiO_2 吸附量与吸附时间的关系。

4. 吸附温度对负载能力的影响

分别取 2.5g 纳米 SiO_2 加入 250mL 1000mg/L 的 $AgNO_3$ 溶液中，按实验 38 的方法，在 30℃、40℃、50℃、60℃各吸附 2h，考察 SiO_2 吸附量与吸附温度的关系。

[思考题 1] 为什么吸附温度升高到一定程度后，纳米 SiO_2 吸附速度增加的程度反而降低？

[思考题 2] 本实验用什么方法测定 SiO_2 负载量？

[思考题 3] SiO_2 的粒度、比表面积对 Ag^+ 的吸附能力有何影响？

六、数据记录与处理

1. 硝酸银原始浓度对负载能力的影响(温度:313K)

硝酸银原始浓度/(mg/L)	吸附时间/min	吸附后的硝酸银浓度/(mg/L)	吸附量/(mg/g)
200	120		
400			
600			
800			
1000			
1200			

利用上述数据绘制 SiO_2 吸附量与 $AgNO_3$ 溶液原始浓度间的关系曲线图。

2. 吸附时间对负载能力的影响(温度:313K)

吸附时间/h	硝酸银原始浓度/(mg/L)	吸附后的硝酸银浓度/(mg/L)	吸附量/(mg/g)
1.0	1000		
1.5			
2.0			
2.5			
3.0			

利用上述数据绘制 SiO_2 吸附量与吸附时间的关系曲线。

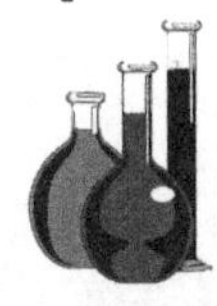

3. 吸附温度对负载能力的影响

吸附温度/K	硝酸银原始浓度/(mg/L)	吸附后的硝酸银浓度/(mg/L)	吸附量/(mg/g)
303	1000		
313			
323			
333			

利用上述数据绘制 SiO_2 吸附量与吸附温度的关系曲线。

(闫振忠编)

实验 42 碱式碳酸铜的制备(设计性实验)

一、实验目的

1. 掌握碱式碳酸铜的制备原理和方法。

2. 通过实验探求得出制备碱式碳酸铜的反应物的合理配比和合适的温度条件。

3. 学会设计实验方案,培养独立设计实验的能力。

二、实验原理

碱式碳酸铜[化学式为 $Cu_2(OH)_2CO_3$]为天然孔雀石的主要成分,呈暗绿色或浅蓝绿色,主要用于铜盐、油漆、颜料和烟火的配制。

将可溶性铜盐和碳酸盐混合后,由于 $Cu(OH)_2$ 和 $CuCO_3$ 两者溶度积相近,同时达到析出条件,因此,析出产物即为 $Cu_2(OH)_2CO_3$。

$$2CuSO_4 + 2Na_2CO_3 + H_2O \longrightarrow Cu_2(OH)_2CO_3 \downarrow + 2Na_2SO_4 + CO_2 \uparrow$$

将 $Cu_2(OH)_2CO_3$ 加热至 200℃ 即分解。其在水中的溶解度很小,新制备的试样在沸水中很易分解,形成褐色的 CuO。

本实验采用 $CuSO_4$ 和 Na_2CO_3 溶液反应,通过生成物颜色、状态的分析,研究反应物的合理配比,并确定合适的温度条件,探求碱式碳酸铜制备的条件。

三、预习要求

1. 碱式碳酸铜的制备原理和方法。

2. 按实验要求设计出详细的实验方案,列出所需仪器、药品和材料清单,报指导教师审阅。

四、仪器与试剂

仪器(供选择):台秤,烧杯,玻棒,抽滤瓶,布氏漏斗,试管,恒温水浴锅,滴管,吸量管,烘箱。

试剂(供选择):$CuSO_4 \cdot 5H_2O$ (s),Na_2CO_3(s)。

五、实验内容

1. 反应物溶液的配制

配制 0.5mol/L $CuSO_4$ 溶液和 0.5mol/L Na_2CO_3 溶液各 100mL。

2. 制备反应条件的探索

(1)反应温度的探索　分别在 4 支试管中加入 2.0mL 0.5mol/L $CuSO_4$ 溶液；另取 4 支试管，各加入 2.0mL 0.5mol/L Na_2CO_3 溶液。从这两列试管中各取 1 支，分别置于室温、50℃、75℃、100℃的恒温水浴中。数分钟后，将 $CuSO_4$ 溶液倒入 Na_2CO_3 溶液中，振荡，再放回各自水浴中，观察沉淀生成的速度及颜色。由实验结果确定反应的合适温度。

(2) $CuSO_4$ 和 Na_2CO_3 溶液的合适配比探索　于 4 支试管内均加入 2.0mL 0.5mol/L $CuSO_4$ 溶液；再分别取 0.5mol/L Na_2CO_3 溶液 1.6mL、2.0mL、2.4mL、2.8mL 依次加入另外 4 支编号的试管中。将 8 支试管置于上述实验确定的合适温度的恒温水浴中。几分钟后，依次将 $CuSO_4$ 溶液倒入 Na_2CO_3 溶液中，振荡，水浴加热。通过比较沉淀生成的速度、沉淀的数量及颜色，得出最佳配比。

3. 碱式碳酸铜的制备

取 60mL 0.5mol/L $CuSO_4$ 溶液，根据上述实验确定的反应物的合适配比及适宜温度制取 $Cu_2(OH)_2CO_3$。沉淀完全后，用蒸馏水洗涤沉淀数次，直到沉淀中不含 SO_4^{2-} 为止，吸干。

将所得产品放在 80℃烘箱中烘干，待冷却至室温后称量，计算产率。

4. 产品组成分析

自行查找资料，设计实验方案，确定产品中铜及碳酸根的含量。

[思考题 1]　哪些铜盐适合制取碱式碳酸铜？

[思考题 2]　若将 Na_2CO_3 溶液倒入 $CuSO_4$ 溶液中，其结果是否有所不同？

[思考题 3]　反应温度对本实验有何影响？

[思考题 4]　何种颜色的沉淀表示碱式碳酸铜含量最高？反应在何种温度下进行会出现褐色产物？这种褐色物质是什么？

[思考题 5]　除反应物的配比和反应的温度对本实验的结果有影响外，反应物的种类、反应物的浓度、反应进行的时间等因素对产物的质量是否也有影响？

六、数据记录与处理

实验内容	$CuSO_4$ 溶液体积	Na_2CO_3 溶液体积	反应温度	沉淀生成的速度	沉淀的数量	沉淀的颜色	结论
反应温度的探索	2.0mL	2.0mL	室温				
			50℃				
			75℃				
			100℃				

续表

实验内容	$CuSO_4$ 溶液体积	Na_2CO_3 溶液体积	反应温度	沉淀生成的速度	沉淀的数量	沉淀的颜色	结论
合适配比的探索	2.0mL	1.6mL					
		2.0mL					
		2.4mL					
		2.8mL					
碱式碳酸铜的制备							

（梁华定编）

实验 43 海带中碘的提取

一、实验目的

1. 了解物质分离和提纯的基本方法。初步学会使用萃取分液等方法进行物质的分离和提纯。

2. 了解从植物中分离、检验某些元素的实验方法。熟悉从海带中分离和检验碘元素的操作流程。

3. 掌握溶解、过滤、萃取等基本操作。

二、实验原理

碘是人体生长发育不可缺少的微量元素，它在人体中含量不多，仅有 20～50mg，但是发挥的作用却不容小觑，碘在人体内用于合成甲状腺素，调节新陈代谢。如果人体内碘摄入量不足，则会患上甲状腺肿，即“大脖子病”。人体每天需要摄入一定量（0.1～0.2mg）的碘。

地壳中的碘含量约为 $3\times10^{-5}\%$。自然界的碘主要以碘酸盐、碘化物的形式分散在地层和海水中，并不存在游离状态的碘，独立的矿物也很少，只有碘酸钙矿。海水中碘的浓度尽管很低，只有亿分之五左右，但总量却很大。特别是某些海藻（例如海带）能吸收碘，使碘相对地富集起来（100g 海带中含碘 24mg），因此，海藻便成了提取碘的主要原料。

在干海带燃烧后生成的灰分中（海带灰分中的碘元素主要以 I^- 的形式存在），加入蒸馏水并煮沸，使 I^- 溶于水中，加入氧化剂将其氧化成单质 I_2，用 CCl_4 萃取并分液来分离出 I_2，称量，计算产率。有关反应的离子方程式为

$$2I^- + H_2O_2 + 2H^+ \longrightarrow I_2 + 2H_2O$$

$$2I^- + Cl_2 \longrightarrow I_2 + 2Cl^-$$

三、预习要求

1. 碘在自然界中的存在、制备及性质。

2. 溶解、过滤、萃取等基本操作(二维码 3-11)。

四、仪器与试剂

仪器:台秤,圆底烧瓶,烧杯,电炉,剪刀,坩埚,坩埚钳,蒸发皿,分液漏斗,布氏漏斗,循环水真空泵,抽滤瓶,马弗炉。

试剂:干海带,蒸馏水,2mol/L H_2SO_4 溶液,3% H_2O_2 溶液,CCl_4。

材料:pH 试纸,定量滤纸。

五、实验内容

1. 称取样品

用台秤称取约 20g 干燥的海带,放入坩埚中。

2. 灼烧灰化

将坩埚置于马弗炉中,500℃下灼烧 20min,待海带完全灰化后,冷却,再将灰烬转移到小烧杯中。

3. 溶解过滤

向小烧杯中加入约 20mL 蒸馏水,煮沸 2~3min,过滤,并用约 5mL 蒸馏水洗涤沉淀得滤液。

4. 氧化及检验

在滤液中加入 2mL 2mol/L H_2SO_4 溶液酸化,再加入 8mL 3% H_2O_2 溶液。取出少许混合液,用淀粉溶液检验碘单质。

5. 萃取分液

将氧化检验后的余液转入分液漏斗中,加入 10mL CCl_4,充分振荡,打开上口的塞子或将旋塞的凹槽对准上口的小孔,静置,待完全分层后,分液。

6. 蒸馏结晶

将上述 CCl_4 溶液转移到 25mL 圆底烧瓶中,在水浴上蒸馏至剩余少量溶剂,冷却,结晶,抽滤,洗涤,得 I_2 晶体。称量质量,计算产率。

[思考题 1] 从海带中提取碘的实验原理是什么?

[思考题 2] 将生成的碘单质提取出来可采取哪些操作方法?

[思考题 3] 若要求测定海带中碘的含量,可采用哪些方法?

(闫振忠编)

实验 44 废旧电池的回收利用

一、实验目的

1. 熟练无机物的提取、制备、提纯、分析等方法与技能。

2. 了解废弃物中有效成分的回收利用方法。

3. 综合训练并熟练掌握无机合成、滴定分析的基本操作。

二、实验原理

日常生活中用的干电池为锰锌干电池，其负极是作为电池壳体的锌电极，正极为被 MnO_2 包围着的石墨电极，电解质是氯化锌及氯化铵的糊状物。电池的构造原理见图 7-1。

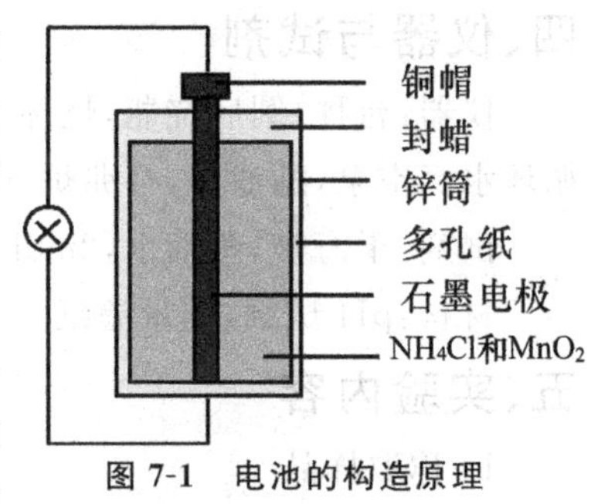

图 7-1　电池的构造原理

其电池反应为

$$Zn + 2NH_4Cl + 2MnO_2 \longrightarrow Zn(NH_3)_2Cl_2 + 2MnO(OH)$$

在使用过程中，锌皮消耗最多，二氧化锰只起氧化作用，氯化铵作为电解质没有消耗，碳粉是填料。因而回收处理废旧电池可以获得多种物质，如锌、二氧化锰、氯化铵、铜和碳棒等，实为变废为宝的一种可利用资源。

回收时，废旧电池的外壳为锌，里面的黑色物质为碳粉与 MnO_2、NH_4Cl、$ZnCl_2$ 等的混合物，把这些黑色混合物倒入烧杯中，加入适量蒸馏水（每节电池加 50～100mL 蒸馏水）搅拌，溶解过滤，滤液用以提取 NH_4Cl，滤渣用以制备 MnO_2 和锰化合物，电池的锌壳可用以制锌及锌盐。$ZnCl_2$ 和 NH_4Cl 在不同温度下的溶解度见表 7-1。本实验主要回收 Zn、MnO_2、NH_4Cl、碳棒和 Cu，将回收得到的 Zn 制备成纯度较高的 $ZnCl_2$，并对 $ZnCl_2$ 和 MnO_2 纯度进行测定。

表 7-1　不同温度下 $ZnCl_2$ 和 NH_4Cl 的溶解度

单位：g/100g 水

温度/K	273	283	293	303	313	333	353	363	373
$ZnCl_2$	342	363	395	437	452	488	541	—	614
NH_4Cl	29.4	33.2	37.2	41.4	45.8	55.3	65.6	71.2	77.3

回收所得产品要进行纯度测定。

$ZnCl_2$ 产品的纯度测定是用三乙醇胺作掩蔽剂，在 pH＝10 的 NH_3-NH_4Cl 缓冲溶液，以铬蓝 K-奈酚绿为指示剂，用 EDTA 标准溶液进行滴定分析，滴定终点呈现蓝色。

$ZnCl_2$ 的质量分数计算公式如下：

$$w_{ZnCl_2} = \frac{M_{ZnCl_2} \times c_{EDTA} \times V_{EDTA}}{m_{ZnCl_2} \times 1000} \times 100\%$$

式中，M_{ZnCl_2} 为 $ZnCl_2$ 的摩尔质量，单位为 g/mol；c_{EDTA} 为 EDTA 的摩尔浓度，单位为 mol/L；V_{EDTA} 为消耗 EDTA 标准溶液的体积，单位为 mL；m_{ZnCl_2} 为 $ZnCl_2$ 的取样质量，单位为 g。

NH_4Cl 产品的纯度测定可采用在产品中准确加入过量甲醛溶液，使其转化为 $(CH_2)_6N_4$ 和 HCl，用 NaOH 标准溶液进行滴定。反应式为

$$4NH_4Cl + 6HCHO \longrightarrow (CH_2)_6N_4 + 4HCl + 6H_2O$$

NH_4Cl 的质量分数计算公式如下：

$$w_{NH_4Cl} = \frac{M_{NH_4Cl} \times c_{NaOH} \times V_{NaOH}}{m_{NH_4Cl} \times 1000} \times 100\%$$

式中，M_{NH_4Cl} 为 NH_4Cl 的摩尔质量，单位为 g/mol；c_{NaOH} 为 NaOH 的摩尔浓度，单位为 mol/L；V_{NaOH} 为消耗 NaOH 溶液的体积，单位为 mL；m_{NH_4Cl} 为 NH_4Cl 的取样质量，单位为 g。

MnO_2 产品的纯度测定可采用在产品中准确加入过量草酸固体使其转化为 Mn^{2+}，用高锰酸钾滴定过量的草酸。反应式为：

$$MnO_2 + H_2C_2O_4 + 2H^+ \longrightarrow Mn^{2+} + 2CO_2 + 2H_2O$$

$$2MnO_4^- + 5H_2C_2O_4 + 6H^+ \longrightarrow 2Mn^{2+} + 10CO_2 + 8H_2O$$

MnO_2 的质量分数计算公式如下：

$$w_{MnO_2} = \frac{\left(m_{H_2C_2O_4} - \frac{5}{2}M_{H_2C_2O_4} \times c_{KMnO_4} \times V_{KMnO_4}\right) \times M_{MnO_2}}{M_{H_2C_2O_4}\, m_{MnO_2}} \times 100\%$$

式中，$m_{H_2C_2O_4}$ 为 $H_2C_2O_4$ 的取样质量，单位为 g；$M_{H_2C_2O_4}$ 为 $H_2C_2O_4$ 的摩尔质量，单位为 g/mol；c_{KMnO_4} 为 $KMnO_4$ 的摩尔浓度，单位为 mol/L；V_{KMnO_4} 为消耗 $KMnO_4$ 溶液的体积，单位为 L；m_{MnO_2} 为 MnO_2 的取样质量，单位为 g；M_{MnO_2} 为 MnO_2 的摩尔质量，单位为 g/mol。

三、预习要求

1. 干电池的组成与构造。

2. 滴定基本操作（二维码 3-3）。

四、仪器与试剂

仪器：电子天平，酒精灯，试管，烧杯，玻棒，铁架台，蒸发皿，表面皿，移液管，锥形瓶，酸式滴定管，碱式滴定管。

试剂：废旧电池，$H_2C_2O_4$(s)，0.1000mol/L $KMnO_4$ 溶液，8mol/L H_2SO_4 溶液，2mol/L HNO_3 溶液，2mol/L HCl 溶液，3% H_2O_2 溶液，1∶1 甲醛溶液，酚酞溶液，0.02000mol/L NaOH 标准溶液，铬蓝 K-奈酚绿，NH_3-NH_4Cl 缓冲溶液（pH＝10），0.02000mol/L EDTA 标准溶液，三乙醇胺。

材料：小刀，火柴，带火星木条。

五、实验内容

1. 电池中锌皮的利用——制取 $ZnCl_2$

将废旧电池的锌皮用水冲洗干净后，放入烧杯中，加入 2mol/L HCl 溶液，待完全反应后，过滤，将滤液放入蒸发皿中边加热边搅拌。

2. 电池中 NH_4Cl 的回收

将黑色混合物倒入烧杯中，加入 50mL 蒸馏水，搅拌，溶解过滤，滤液即为 NH_4Cl 和 $ZnCl_2$ 的混合溶液，根据两者溶解度的不同，将 NH_4Cl 回收。

3. 电池中 MnO_2 的回收及检验

将黑色粉末放入坩埚持续加热，冷却后，转入试管中，加入 2mol/L HNO_3 溶液，混合加热至无气体产生，用水冲净干燥。

取坩埚持续加热后的少量上述粉末于试管中，加入 3% H_2O_2 溶液，将产生的气体用试管收集，用带火星的木条放入试管口。

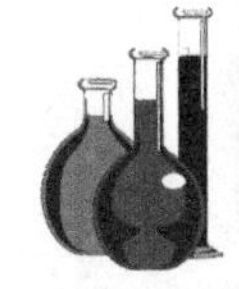

4. 碳棒和铜帽的回收

将铜帽砸平，放入 2mol/L HCl溶液中，微热，再将其取出干燥，放入试剂瓶保存。将碳棒清洗干净，晾干后保存。

[思考题1] 锌片中是否含有杂质 Fe，如果有应该如何检测？

[思考题2] 在检验 MnO_2 时，为什么加入 H_2O_2？所发生的化学反应是什么？

5. $ZnCl_2$ 纯度的测定

称取上述实验得到的 $ZnCl_2$ 产品 0.2000g，置于锥形瓶中，加蒸馏水约 30mL，加 4mL 三乙醇胺后摇匀，再加 5mL NH_3-NH_4Cl 缓冲溶液(pH＝10)，摇匀，加入米粒大小的铬蓝K-奈酚绿指示剂，以 0.02000mol/L EDTA 标准溶液滴定至呈蓝色即为终点。

6. NH_4Cl 纯度的测定

称取上述实验得到的 NH_4Cl 产品 0.2000g 置于锥形瓶中，加入 10mL 1∶1 甲醛溶液，充分反应，加蒸馏水约 20mL，加 2 滴酚酞指示剂，以 0.02000mol/L NaOH 标准溶液滴定至紫红色即为终点。

7. MnO_2 纯度的测定

称取约 1.0000 上述实验得到的产品，置于锥形瓶中，加 1.2000g $H_2C_2O_4$ 固体，再加 50mL 8mol/L H_2SO_4 溶液，沸水浴加热，使 MnO_2 完全溶解，抽滤，取滤液，用 0.1000mol/L $KMnO_4$ 溶液滴定至粉红色即为终点。平行测定两次。

(闫振忠编)

实验45 由鸡蛋壳制备丙酸钙

一、实验目的

1. 了解食品添加剂丙酸钙的制备原理和方法。
2. 通过实验进一步熟练掌握减压过滤、滴定等基本操作。
3. 学会运用知识和技能解决实际问题。

二、实验原理

丙酸钙化学式$(CH_3CH_2COO)_2Ca$，为白色、颗粒或粉末状的结晶体，无臭味或有轻微丙酸气味，对光和热比较稳定，分解温度在 400℃以上，可制成一水合物或三水合物，易溶于水，微溶于甲醇和乙醇，几乎不溶于丙酮和苯。质量分数为 10%的丙酸钙水溶液的 pH 值为 7.4。

丙酸钙是近几年发展起来的一种新型食品添加剂，其毒性远低于我国广泛应用的苯甲酸钠，被认为是食品的正常成分，也是人体内代谢的中间产物，加之又较山梨酸钾便宜得多，故可在食品中较多地添加，可延长食品保鲜期，防止食物中毒。丙酸钙是酸型食品防腐剂，在酸性条件下产生游离丙酸，具有抗菌作用，对霉菌、好气性芽孢杆菌和革兰氏阴性菌均有很好的杀灭作用，对酵母菌无害。丙酸钙不仅对人体无毒，无副作用，而且还有抑制产生黄曲霉素的作用，其防腐作用良好，可广泛用于面包、糕点等食品的防腐。在国外(如英国、加拿大、意大利等),丙酸钙已先后被批准使用。1963 年,日本将丙酸钙用于食品工业。据联合国粮农组织(FAO)和世界卫生组织(WHO)报道,丙酸钙与其他脂肪酸一样可被机体代谢、利用,供给人体必需的钙,这一优点是其他防腐剂所无法比拟的。丙酸钙还可以做成分散剂溶液和软膏,对治疗皮肤寄生性霉菌引起的疾病具有较好的疗效。

近年来,随着人民生活水平的提高和食品工业的发展,鸡蛋的消耗量大幅度增加。由于人们仅利用了可食的蛋清和蛋黄部分,而大量蛋壳却被废弃,特别是蛋粉厂和蛋类制品加工厂,每天都要产生成吨的蛋壳,对环境造成很大污染。实际上,蛋壳是一种宝贵的天然生物资源,蛋壳中含有 93%的 $CaCO_3$、1.0%的 $MgCO_3$、2.8%的 $Mg_3(PO_4)_2$ 和 3.2%的有机物。与其他钙源相比,蛋壳受环境污染较少,重金属含量极其痕量,是一种良好的钙源,可作为新型钙制剂的原料,还可以用作填充剂、吸附剂、催化剂等。

丙酸钙的制备主要有两种:一种是用 $CaCO_3$ 与丙酸直接作用制备丙酸钙;另一种是用 CaO 与丙酸中和制备丙酸钙。本实验采用中和法由鸡蛋壳制备丙酸钙。以蛋壳为主要原料,加入丙酸生产丙酸钙,既节省能源,又降低成本,而且是有利于环保的工业生产方法。该法制备的丙酸钙不受蛋壳色素及有机成分的影响,制得的产品色泽洁白,无异味,纯度高质量好,产率高,无污染,是一种安全无毒的优质有机钙,不仅可以作为高效饲料的防腐剂,也可以作为强化剂或食品添加剂。该方法不失为一种制备丙酸钙的好方法。

具体方法为,将蛋壳洗净、除杂、晾干后,高温煅烧分解使蛋壳灰化,除去有机物,得蛋壳灰分(CaO),在蛋壳灰分中加入水,制成石灰乳,加入丙酸溶液进行中和反应,纯化浓缩后得食品级丙酸钙。

$$CaCO_3 \longrightarrow CaO + CO_2\uparrow$$

$$CaO + H_2O \longrightarrow Ca(OH)_2$$

$$Ca(OH)_2 + 2CH_3CH_2COOH \longrightarrow (CH_3CH_2COO)_2Ca + 2H_2O$$

三、预习要求

1. 丙酸钙的制备原理和方法。

2. 减压过滤、滴定等基本操作(二维码 3-3、二维码 3-11)。

四、仪器与试剂

仪器:电子天平,布氏漏斗,抽滤瓶,蒸发皿,量筒,酸式滴定管,循环水真空泵,磁力搅拌器,马弗炉,坩埚,坩埚钳,烘箱,研钵,捣碎机。

试剂:6mol/L HCl 溶液,丙酸,10%NaOH 溶液,0.0200mol/L EDTA 标准溶液,三乙醇胺,铬黑 T。

材料:鸡蛋壳,面包。

五、实验内容

1. 丙酸钙的制备

(1)鸡蛋壳预处理　将收集的鸡蛋壳用自来水清洗,除去泥土、蛋清等杂质,放入烧杯中,加入一定温度的热水,恒温后,缓慢加入 6mol/L HCl 溶液作分离剂,搅拌,放置,水洗 1h,回收水面漂浮的蛋壳膜。蛋壳经水洗晾干后,于 110℃下烘干除水 1h,粉碎得

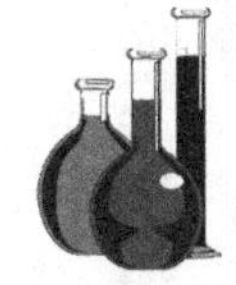

到蛋壳粉，备用。

(2)煅烧分解　称取一定量的蛋壳粉，置于马弗炉内，在1000℃下煅烧约2h至灰分洁白为止，此时生成CaO。

(3)中和制备丙酸钙　准确称取0.1581g的灰分，研细，加入一定量的蒸馏水调制成石灰乳，然后在不断搅拌下缓缓加入一定量(过量约50%)丙酸溶液，继续搅拌至溶液澄清。

(4)浓缩干燥　将丙酸钙溶液冷却，抽滤除去不溶性杂质，按少量多次原则用蒸馏水洗涤杂质。将滤液置于蒸发皿中加热蒸发，浓缩至有大量晶体，冷却结晶，抽滤，产品在130℃烘箱中烘干，即得到白色粉末状的无水丙酸钙，研细即为成品。

[思考题1]　鸡蛋壳和壳膜之间的结合实质是什么？加酸碱作用并在机械搅拌下，为什么可使壳膜得到较好的分离？

[思考题2]　从壳膜分离条件、中和反应条件(反应温度、丙酸浓度及用量)等方面考虑，探讨以蛋壳为原料，采用中和法制备丙酸钙的最佳工艺条件。

[思考题3]　结合本实验制备方法，设计以鸡蛋壳为原料、采用中和法制备丙酮酸钙的方案。

2. 丙酸钙含量分析

用已标定了浓度的EDTA标准溶液，在NaOH溶液10mL、三乙醇胺5mL和蒸馏水20mL的条件下，以铬黑T为指示剂，进行配位滴定，测定各组产品中钙离子的含量，再通过钙离子的含量计算出丙酸钙的实际产量，进而可以得出其产率及纯度。

[思考题4]　写出EDTA配位法测定丙酸钙含量的反应式及计算公式。

3. 防霉实验

取2块大小、形状、生产日期相同的面包，在1块面包上添加一定量的丙酸钙，另1块不加，再将2块面包都裹上保鲜膜。在常温下放置7d，观察面包样品是否出现绿色菌斑。

六、数据记录与处理

蛋壳质量/g	丙酸钙理论产量/g	丙酸钙实际产量/g	转化率/%	产品外观和性状

(梁华定编)

参考文献

[1] 北京师范大学，华中师范大学，南京师范大学. 无机化学[M]. 5版. 北京：高等教育出版社，2020.

[2] 北京师范大学无机化学教研室等. 无机化学实验[M]. 3版. 北京：高等教育出版社，2011.

[3] 曹凤歧，刘静. 无机化学实验与指导[M]. 南京：东南大学出版社，2013.

[4] 陈素清，梁华定，邱昀芳. 碳纳米管吸附水溶液中双酚A的热力学[J]. 应用化学，2009，26(5)：571-574.

[5] 崔爱莉. 基础无机化学实验[M]. 北京：清华大学出版社，2018.

[6] 大连理工大学无机化学教研室. 无机化学实验[M]. 3版. 北京：高等教育出版社，2017.

[7] 丁杰. 无机化学实验[M]. 北京：化学工业出版社，2010.

[8] 胡小莉，萧德超. 用硫粉和亚硫酸钠制备硫代硫酸钠的反应条件探讨[J]. 西南师范大学学报(自然科学版)，1997，22(1)：103-105.

[9] 华东理工大学无机化学教研组. 无机化学实验[M]. 4版. 北京：高等教育出版社，2007.

[10] 霍冀川. 化学综合设计实验[M]. 2版. 北京：化学工业出版社，2020.

[11] 霍玉秋，翟玉春. 醇盐水解沉淀法制备二氧化硅纳米粉[J]. 微纳电子技术，2003(9)：26-28.

[12] 郎建平，卞国庆，贾定先，等. 无机化学实验[M]. 3版. 南京：南京大学出版社，2018.

[13] 李金惠，等. 废电池管理与回收[M]. 北京：化学工业出版社，2005.

[14] 李朴，古国榜. 无机化学实验[M]. 4版. 北京：化学工业出版社，2015.

[15] 李月云，张慧，王平，等. 无机化学实验[M]. 2版. 北京：化学工业出版社，2017.

[16] 廖辉伟，车明霞. 载银纳米SO_2制备与抗菌性研究[J]. 稀有金属，2006，30(4)：570-573.

[17] 凌必文，刁海生. 三草酸合铁(Ⅲ)酸钾的合成及结构组成测定[J]. 安庆师范学院学报(自然科学版)，2001，7(4)：13-16.

[18] 刘宝殿. 化学合成实验[M]. 北京：高等教育出版社，2005.

[19] 刘翠格，杨述韬. 无机和分析化学实验[M]. 北京：化学工业出版社，2010.

[20] 刘芸，唐玉海，戈景峰等. 甘氨酸合锌制备工艺的研究[J]. 西北药学杂志，1999，14(6)：227-231.

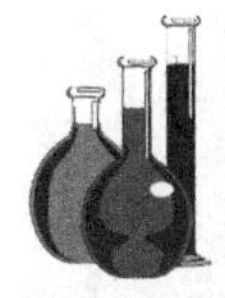

[21] 龙世佳,王晓峰,刘妍. 醋酸铬(Ⅱ)水合物制备实验的改进[J]. 化学教育,2008(7):67-68.

[22] 南京大学《无机及分析化学实验》编写组. 无机及分析化学实验[M]. 5版. 北京:高等教育出版社,2015.

[23] 南京大学大学化学实验教学组. 大学化学实验[M]. 北京:高等教育出版社,1999.

[24] 曲世伟,张佳琦. 丙酸钙的生产工艺研究[J]. 农产品加工·学刊,2007(12):37-40,42.

[25] 申秀民. 化学综合实验[M]. 北京:北京师范大学出版社,2007.

[26] 孙文东,陆嘉星. 物理化学实验[M]. 3版. 北京:高等教育出版社,2014.

[27] 王传胜. 无机化学实验[M]. 北京:化学工业出版社,2009.

[28] 文利柏,虎玉森,白红进. 无机化学实验[M]. 2版. 北京:化学工业出版社,2017.

[29] 徐俊. 用蛋壳制备丙酸钙的研究[J]. 淮南师范学院学报,2004,6(3):45-46.

[30] 于涛. 微型无机化学实验[M]. 2版. 北京:北京理工大学出版社,2011.

[31] 张国范,陈启元,冯其明,等. 温度对油酸钠在一水硬铝石矿物表面吸附的影响[J]. 中国有色金属学报,2004,14(6):1042-1046.

[32] 张建荣,高濂. 水热法合成纳米 SnO_2 粉体[J]. 无机材料学报,2004,19(5):1177-1183.

[33] 中山大学等校. 无机化学实验[M]. 北京:高等教育出版社,2019.

[34] 钟国清. 甘氨酸锌螯合物的合成与结构表征[J]. 精细化工,2001,18(7):391-393.

附录　文献汇编

附录 1　洗涤液的配制及使用

附录 2　市售酸碱试剂的浓度及比重

附录 3　常用指示剂

附录 4　不同温度下，稀溶液体积对温

附录 5　常见离子和化合物的颜色

附录 6　常用基准物质的干燥条件和应用

附录 7　无机酸在水溶液中的解离常数(25℃)

附录 8　标准电极电势

附录 9　难溶化合物的溶度积常数

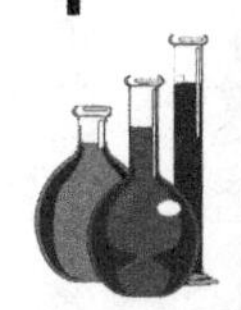